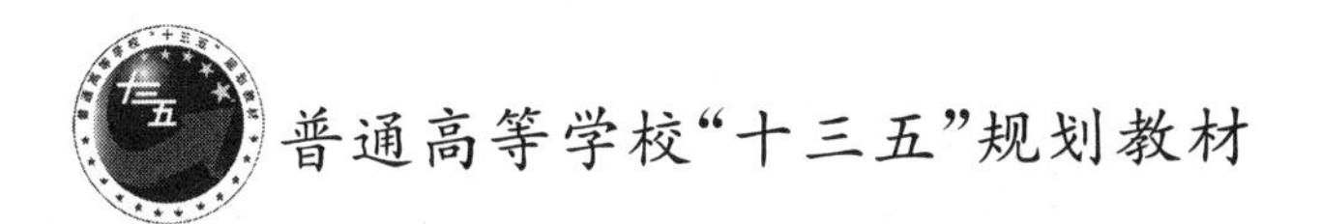

大学计算机基础实验教程

主　编　高守平　龚德良　李剑波
副主编　段　盛　于　芳　石昊苏

内 容 提 要

本书是与《大学计算机基础教程》配套的实验教程。

全书分为三个部分:第一部分为实践指导,安排了16个实验,用以帮助读者加深对基础知识的理解;第二部分为知识巩固与上机操作,包括5个实验,对重要的知识点进行了总结,并选取了部分全国计算机等级考试中的常用操作和实例;第三部分精选了有关计算机公共基础的练习题。

本书既可作为高等院校《大学计算机基础教程》的上机实验教材,还可作为普通读者普及计算机基础知识的学习书籍,亦可作为计算机等级考试的辅导教材。

图书在版编目(CIP)数据

大学计算机基础实验教程/高守平,龚德良,李剑波主编.—北京:北京大学出版社,2019.3
ISBN 978-7-301-30315-3

Ⅰ.①大… Ⅱ.①高… ②龚… ③李… Ⅲ.①电子计算机—高等学校—教材 Ⅳ.①TP3

中国版本图书馆CIP数据核字(2019)第034545号

书　　名 大学计算机基础实验教程
DAXUE JISUANJI JICHU SHIYAN JIAOCHENG
著作责任者 高守平 龚德良 李剑波 主编
责任编辑 王 华
标准书号 ISBN 978-7-301-30315-3
出版发行 北京大学出版社
地　　址 北京市海淀区成府路205号 100871
网　　址 http://www.pup.cn
电子信箱 zpup@pup.cn
新浪微博 @北京大学出版社
电　　话 邮购部010-62752015 发行部010-62750672 编辑部010-62765014
印 刷 者 长沙超峰印刷有限公司
经 销 者 新华书店
787毫米×1092毫米 16开本 9.5印张 228千字
2019年3月第1版 2019年3月第1次印刷
定　　价 39.00元

前　　言

本书是与《大学计算机基础教程》配套的实验教程。

大学计算机基础是高等学校在计算机技术和信息技术迅速发展的时代背景下开设的一门非计算机专业基础课程。目的是为了让更多的人掌握计算机信息技术，学会运用互联网平台，不断提高自身素质和专业水平。

本书分为三个部分。第一部分针对配套的教材安排了16个实验，主要包括操作系统基础、文字处理基础、电子表格处理、演示文稿处理、计算机网络基础、多媒体技术基础、程序设计基础等实验。各学校可以根据教学对象的层次和实验条件合理取舍。第二部分归纳了全国计算机等级考试中有关 Windows 7，Microsoft Word 2010，Microsoft Excel 2010，Microsoft PowerPoint 2010 及 Internet Explorer 8 的常用操作和实例。第三部分精选了有关计算机公共基础的练习题，并配有参考答案。

本书由高守平、龚德良、李剑波担任主编，段盛、于芳、石昊苏担任副主编，参加编写和讨论的还有谢桂芳、王刚、廖金辉、朱卫平、汪永琳、刘耀辉、黎昂、朱凌志、王鲁达、刘东等。易永荣、钟运连、沈阳编辑了配套教学资源，魏楠、苏娟、汤晓提供了版式和装帧设计方案。全书由高守平、龚德良、李剑波统稿。蒋加伏教授认真审阅了书稿，并提出了许多宝贵意见。在教材编写中，编者参考了大量文献资料和许多网站资料，在此一并表示衷心的感谢。

由于成书时间仓促以及水平有限，书中错误和不当之处在所难免，恳请专家、教师和读者批评指正。

编者

目　录

第一部分

实践指导

实验1　Windows 7 基本操作(一)

一、实验目的

1. 掌握 Windows 7 的启动和关闭。
2. 了解键盘上各按键的功能。
3. 掌握鼠标的操作及使用方法。
4. 掌握汉字输入法的选用方法。
5. 了解软键盘的使用。

二、实验内容

1. 采用不同的方法启动和关闭计算机,并观察其过程。
2. 键盘操作的简单练习。
3. 鼠标操作的练习。
4. 认识 Windows 7 提供的几种输入法。
5. 汉字输入法的选择及转换。
6. 全角/半角的转换及中英文字符的转换。
7. 特殊符号的输入。

三、实验步骤

1. Windows 7 的启动和关闭

(1) Windows 7 的启动。

启动计算机时,首先要连通计算机的电源,然后依次打开显示器电源开关和主机电源开关。稍后,屏幕上将显示计算机的自检信息,通过自检后,计算机将显示欢迎界面,如果用户在安装 Windows 7 时设置了用户名和密码,将出现 Windows 7 登录界面。当启动成功后,就会进入 Windows 7 工作桌面。

另外,可采用如下方法重新启动 Windows 7。

① 通过「开始」菜单来重新启动。

② 按[Ctrl]+[Alt]+[Del]组合键。

③ 按[Reset]复位键。

(2) Windows 7 的关闭。

当用户不再使用计算机时,可单击"开始"按钮,弹出「开始」菜单,单击【关机】按钮,即可关闭 Windows。

2. 键盘指法练习

(1) 开机启动 Windows 7。

(2) 单击"开始" 按钮,弹出「开始」菜单,选择"所有程序" 命令,单击"金山打字"应用程序;或双击桌面上的"金山打字"桌面快捷方式。

(3) 根据屏幕左边的菜单提示,单击"打字练习"或"打字游戏"。

(4) 根据屏幕指示进行英文输入,注意正确的姿势和指法。

(5) 退出"金山打字"程序,并关闭所有已打开的应用程序。

(6) 关闭 Windows 7。

键盘的组成及各按键的功能如表 1-1 所示。

表 1-1　键盘的组成及各按键的功能

<table>
<tr><th colspan="4">主键盘区</th></tr>
<tr><td>键 位</td><td colspan="3">功能说明</td></tr>
<tr><td>英文字母</td><td colspan="3" rowspan="3">直接按键输入</td></tr>
<tr><td>0～9 数码</td></tr>
<tr><td>双符键的下位键</td></tr>
<tr><td>Caps Lock</td><td colspan="3">英文字母大小写转换键。大写状态时,"Caps Lock" 标志灯亮</td></tr>
<tr><td>Shift</td><td colspan="3">上档键。使用时应先按住[Shift]键,不松手再按字符键,可以得到双符键的上符号(上位键)或与当前英文大小写状态相反的字母</td></tr>
<tr><td>Backspace</td><td colspan="3">退格键。用来删除光标前的一个字符</td></tr>
<tr><td>Enter</td><td colspan="3">回车键。用来表示一行、一段字符或一个命令输入完毕</td></tr>
<tr><td>Esc</td><td colspan="3">作废键。作废已输入的 DOS 命令,屏幕显示"\",并在下一行等待输入新命令</td></tr>
<tr><td>Tab</td><td colspan="3">移位键。使光标移动到下一制表位</td></tr>
<tr><td>Alt</td><td colspan="3">控制键。使用时应先按住[Alt]键,不松手再按其他键,可实现特定的控制功能</td></tr>
<tr><td>Ctrl</td><td colspan="3">控制键。使用时应先按住[Ctrl]键,不松手再按其他键,可实现特定的控制功能,在屏幕显示和书写时用"^"表示</td></tr>
<tr><td>Pause Break</td><td colspan="3">暂停键。用来使命令暂时停止执行,待按任意键后继续,常用作显示的暂停</td></tr>
<tr><td>Print Screen</td><td colspan="3">截屏键。用来对整个屏幕截图</td></tr>
<tr><th colspan="4">编辑控制键盘区</th></tr>
<tr><td>键 位</td><td>功能说明</td><td>键 位</td><td>功能说明</td></tr>
<tr><td>↑</td><td>光标上移键</td><td>↓</td><td>光标下移键</td></tr>
<tr><td>←</td><td>光标左移键</td><td>→</td><td>光标右移键</td></tr>
<tr><td>Ins(Insert)</td><td>插入/替换转换键</td><td>Del (Delete)</td><td>删除光标所在处的字符键</td></tr>
<tr><td>Home</td><td>光标移于屏幕左上角控制键</td><td>End</td><td>光标移到屏幕右下角控制键</td></tr>
<tr><td>Page Up</td><td>屏幕上移一屏控制键</td><td>Page Down</td><td>屏幕下移一屏控制键</td></tr>
<tr><th colspan="4">功能键盘区</th></tr>
<tr><td>键 位</td><td colspan="3">功能说明</td></tr>
<tr><td>F1～F12</td><td colspan="3">用来简化操作。功能键在不同软件中有不同的定义</td></tr>
</table>

3. 鼠标操作及使用

鼠标在 Windows 7 环境下是一个主要且常用的输入设备。常用的鼠标有机械式和光电式两种。鼠标的操作包括单击、双击、右击、移动、拖曳与键盘组合等。

(1) 单击:快速按下鼠标键。单击左键是选定鼠标指针下面的任何内容,单击右键是打开鼠标指针所指内容的快捷菜单。一般情况下若无特殊说明,单击操作均指单击左键。

(2) 双击:快速点击鼠标左键两次(迅速地单击两次)。双击左键是首先选定鼠标指针下面的项目,然后再执行一个默认的操作。单击左键选定鼠标指针下面的内容,然后再按[Enter]键的操作,与双击左键的作用完全一样。若双击鼠标左键之后没有反应,说明两次单击的时间间隔过长。

(3) 右击:将鼠标的指针指向屏幕上的某个位置,单击鼠标右键,然后立即释放。当在特定的对象上右击时,会弹出其快捷菜单,可以方便地完成对所选对象的操作。不同的对象会出现不同的快捷菜单。

(4) 移动:不按鼠标的任何键,移动鼠标,此时屏幕上鼠标指针相应移动。

(5) 拖曳:鼠标指针指向某一对象,按下鼠标左键不松,同时移动鼠标至目的地时再松开鼠标左键,鼠标指针所指的对象将被移到目的地。

(6) 键盘组合:有些功能仅用鼠标不能完全实现,需借助于键盘上的某些按键组合才能实现所需功能。如与[Ctrl]键组合,可选定不连续的多个文件;与[Shift]键组合,选定的是单击的两个文件所形成的矩形区域之间的所有文件;与[Ctrl]键和[Shift]键同时组合,选定的是几个文件之间的所有文件。

4. 汉字输入练习

(1) 开机启动 Windows 7。

(2) 在任务栏上打开「开始」菜单,选择"所有程序"命令,单击其下的"Microsoft Office"文件夹中"Microsoft Word 2010"选项,启动 Microsoft Word 2010(以下简称 Word 2010)。

(3) 用鼠标单击任务栏上的输入法按钮,选择一种输入法后,在 Word 2010 编辑状态下,输入文字。

(4) 单击输入法状态条上的半月形或圆形按钮,可实现半角与全角的转换。

(5) 单击输入法状态条上的标点符号按钮,可实现英文标点符号与中文标点符号的转换。

(6) 按[Shift]+[Ctrl]组合键,可切换选择需要的输入法;按[Ctrl]+[Space]组合键,可使输入法在英文与所选择的中文之间转换。

(7) 需输入符号时,打开"插入"菜单,执行"符号"或"特殊符号"命令,在弹出的对话框中选择所需的符号后,单击【插入】按钮。

(8) 退出 Word 2010 并关闭所有已打开的应用程序。

(9) 关闭 Windows 7。

5. 软键盘的使用

用鼠标右击输入法状态栏的"软键盘"按钮即可显示软键盘菜单,用鼠标单击软键盘菜单中的一种,即可将其设置为当前软键盘。用鼠标单击输入法状态栏的"软键盘"按钮,可以显示或隐藏当前软键盘。软键盘菜单与数字序号软键盘如图 1-1 所示。

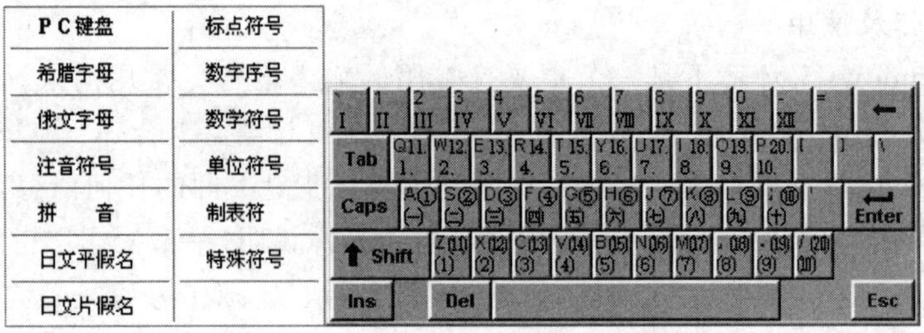

PC键盘
希腊字母
俄文字母
注音符号
拼　音
日文平假名
日文片假名
标点符号
数字序号
数学符号
单位符号
制表符
特殊符号
Tab
Caps
Shift
Enter
Ins
Del
Esc

图 1-1　软键盘菜单与数字序号软键盘

四、思考与练习

1. 用鼠标右击不同的位置，弹出的快捷菜单一样吗？
2. 中英文标点符号如何输入？
3. 为什么输入的字母距离间隔时大时小？

实验2　Windows 7 基本操作(二)

一、实验目的

1. 熟悉 Windows 7 的桌面及桌面图标。
2. 熟悉任务栏及「开始」菜单的定制与使用。
3. 管理 Windows 7 的窗口。

二、实验内容

1. 定制桌面图标。
2. 将常用的程序放到「开始」菜单。
3. 整理任务栏,提高常用程序使用效率。
4. 定制个性化桌面。

三、实验步骤

1. 定制桌面图标

自定义在桌面上显示常用程序的图标,并调整图标大小,然后自定义分类排列桌面图标,从而更加直观地操作桌面图标。

(1) 设置桌面上显示/不显示系统图标。

① 单击“开始”按钮,打开「开始」菜单,如图 2-1 所示。

② 右击“计算机”选项,打开快捷菜单,如图 2-2(a)所示。

③ 单击“在桌面上显示”菜单命令,此时即可在桌面上显示/不显示(因该菜单命令是切换命令)“计算机”图标。

按照同样的方法,还可设置在桌面上显示/不显示“控制面板”图标和“用户文档”图标。桌面上显示的“计算机”“控制面板”和“用户文档”图标如图 2-2(b)所示。

(2) 将常用应用程序的快捷方式图标放置于桌面。

① 从「开始」菜单“所有程序”列表中或者在某个文件夹中选中一个常用应用程序。

② 右击该应用程序打开快捷菜单。

③ 鼠标指向快捷菜单中的“发送到”命令,展开子菜单。

④ 在子菜单中单击“桌面快捷方式”命令,此时桌面上将显示该应用程序的快捷方式图标。

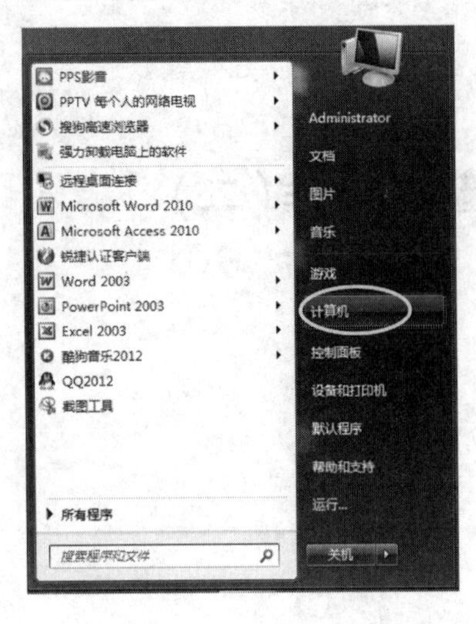

图 2-1 「开始」菜单

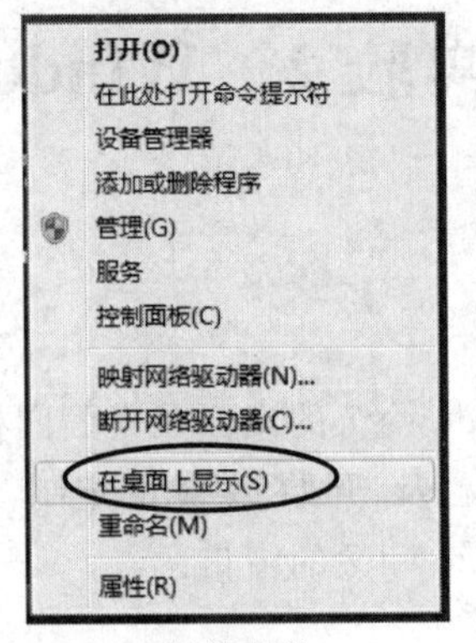

(a) 快捷菜单　　(b) 桌面图标

图 2-2 快捷菜单及桌面图标示意

例如，将「开始」菜单“所有程序”列表中的图像处理软件Adobe Photoshop CS创建快捷方式图标并发送至桌面，如图 2-3 所示。

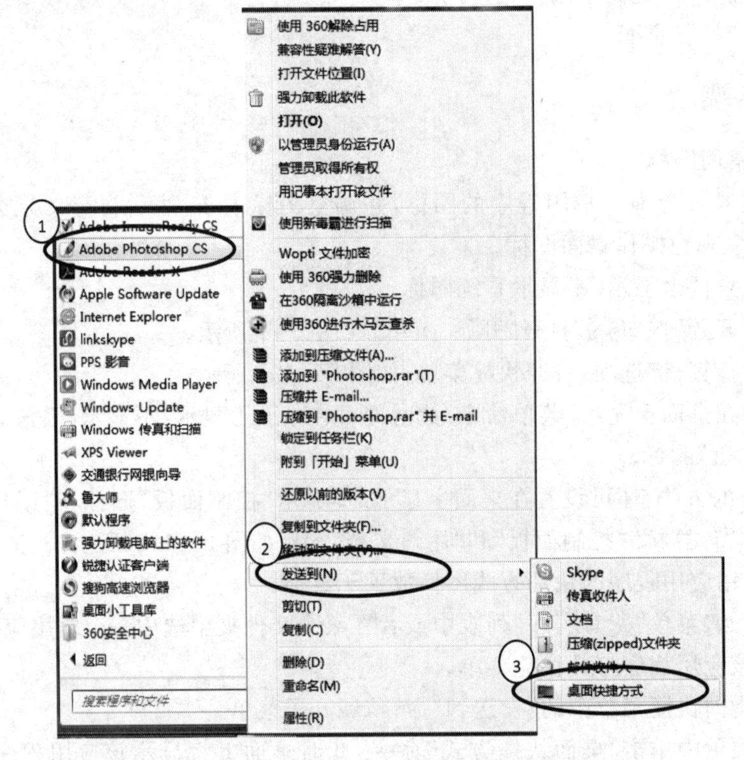

图 2-3 创建快捷方式图标并发送到桌面

（3）改变桌面图标的大小。

① 在桌面任意位置右击打开快捷菜单。

② 单击“查看”菜单命令打开子菜单，如图 2-4 所示。

③ 单击相应命令项可对桌面图标是否显示以及显示大小等进行设置。

此外，鼠标指针放在桌面任意位置，在按住[Ctrl]键的同时转动鼠标滚轮，可直接改变桌面图标的显示大小。

(4) 设置桌面图标的排列方式。

① 在桌面任意位置右击打开快捷菜单。

② 单击“排序方式”菜单命令打开子菜单，如图 2-5 所示。

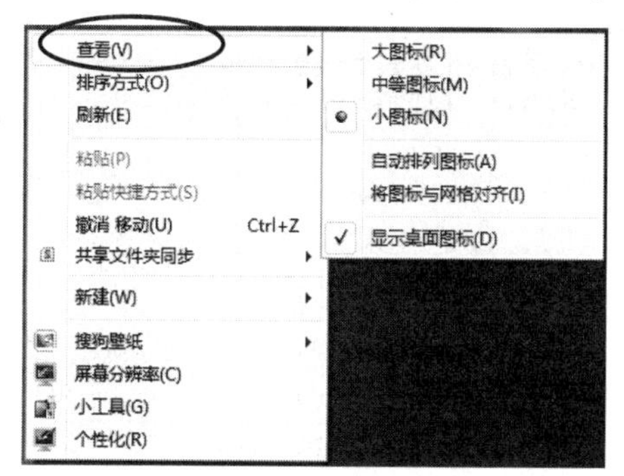

图 2-4 “查看”子菜单

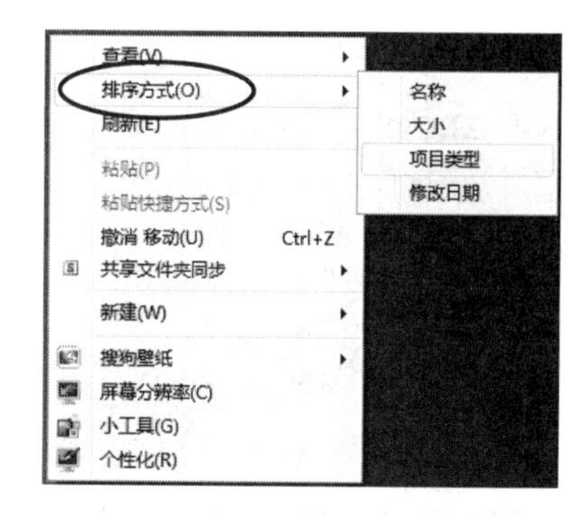

图 2-5 “排序方式”子菜单

③ 单击相应命令项可对桌面图标的排序原则进行设置。

此外，如图 2-4 所示的子菜单“自动排列图标”项呈未选中状态时，用户可以直接用鼠标拖曳桌面上各个图标到指定位置。

2. 将常用的程序放到「开始」菜单

在「开始」菜单的左列，是用户设置的常用的程序列表、用户最近使用的程序列表和“所有程序”命令项，如图 2-6 所示。其中用户设置的常用的程序列表中的项目由用户自行添加或删除；用户最近使用的程序列表中的项目是系统根据用户使用软件的频率自动添加的，其项目数默认为 10 个。

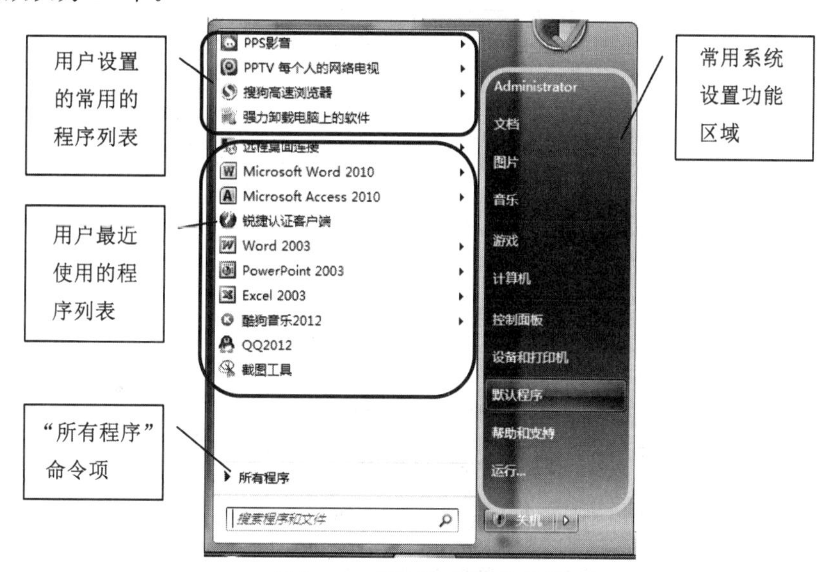

图 2-6 「开始」菜单的布局

(1) 设置用户最近使用的程序列表中的项目数，本例设为 8。

① 右击任务栏空白处，弹出快捷菜单，如图 2-7 所示。

② 单击“属性”菜单命令，打开“任务栏和「开始」菜单属性”对话框，如图 2-8 所示。

③ 单击【自定义】按钮，打开“自定义「开始」菜单”对话框，将“要显示的最近打开过的程序的数目”设置为 8，如图 2-9 所示，单击【确定】按钮完成设置。

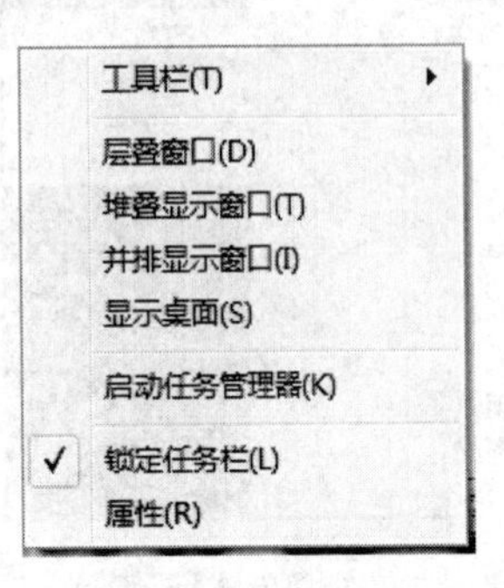
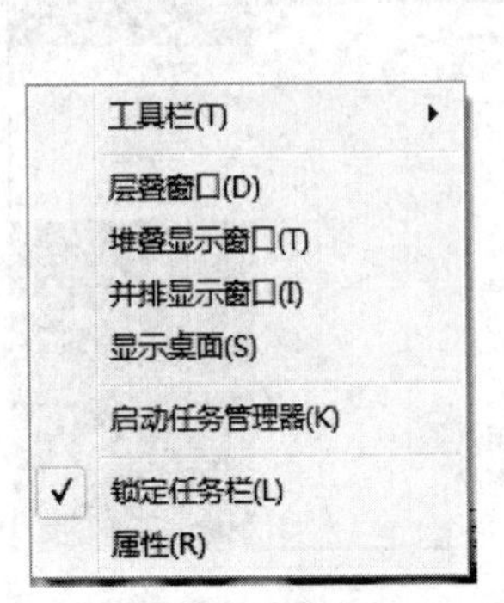

图 2－7　任务栏右键快捷菜单

图 2－8　“任务栏和「开始」菜单属性”对话框

(2) 将用户常用的程序从“所有程序”列表添加到用户设置的常用的程序列表中。

① 在“所有程序”列表中选中需要添加的应用程序图标。

② 将其拖动至“开始”按钮上略作停留，直到出现「开始」菜单的用户设置的常用的程序列表。

③ 再将其拖曳到用户设置的常用的程序列表区域，施放鼠标即可完成添加。

类似的操作，可以将位于任意位置的常用程序，附加到「开始」菜单的用户设置的常用的程序列表中，这样只要打开「开始」菜单，就可直接选择常用的程序了。

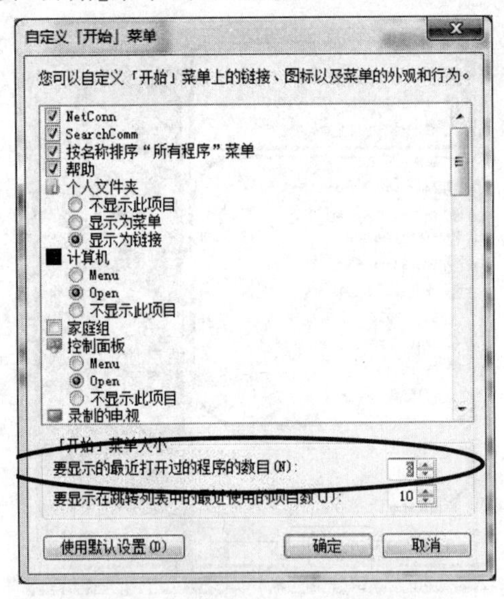

图 2－9　“自定义「开始」菜单”对话框

3. 整理任务栏图标

任务栏图标主要是用来显示用户桌面当前打开的程序窗口，用户可以使用图标对窗口进行还原、切换以及关闭等操作。Windows 7 操作系统的任务栏集传统的快速启动工具栏功能和任务栏功能于一身，任务栏上的图标明显比以往操作系统中的图标更大，单击这些图标将会打开对应的应用程序，图标也转换为按钮外观，这样能够很容易地分辨出程序是否运行，如图 2－10 所示。

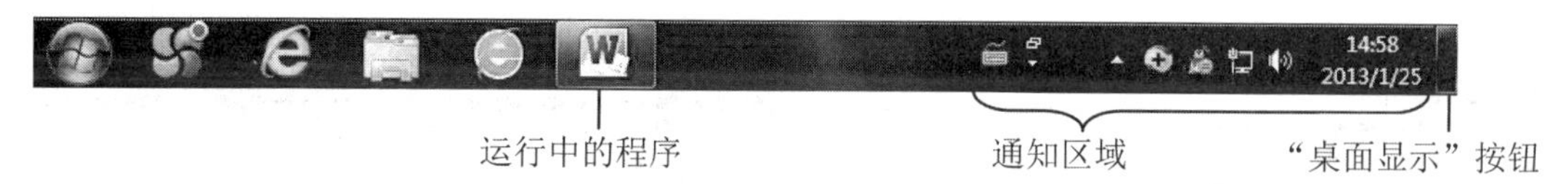

图 2－10 任务栏

(1) 任务栏图标排序。将任务栏中使用频率较高的程序的对应按钮拖动到便于操作的位置。

(2) 使用“跳转列表”。右击任务栏上任意一个按钮(图标)，就会弹出 Windows 7 的“跳转列表”，例如右击任务栏上的 Word 2010 图标，将显示 Word 2010 应用程序最近使用项目的功能和程序常规任务，供用户快速启动所需项目，如图 2－11 所示。

(3) 任务栏图标的锁定和解锁。

可以添加使用频率较高的应用程序到任务栏，或者进行相反的操作。

① 对于未运行的程序，可以将程序的快捷方式图标直接拖曳到/拖离任务栏。

② 对一个正在运行的程序，可以右击任务栏中的相应图标，再单击“跳转列表”中的“将此程序锁定到任务栏/从任务栏解锁”命令即可。

(4) 设置任务栏属性。

① 右击任务栏空白区域，打开快捷菜单。

② 单击“属性”菜单命令，打开“任务栏和「开始」菜单属性”对话框，选择“任务栏”选项卡，如图 2－12 所示。可以在此设置任务栏的外观、位置以及改变任务栏图标按钮显示方式等。

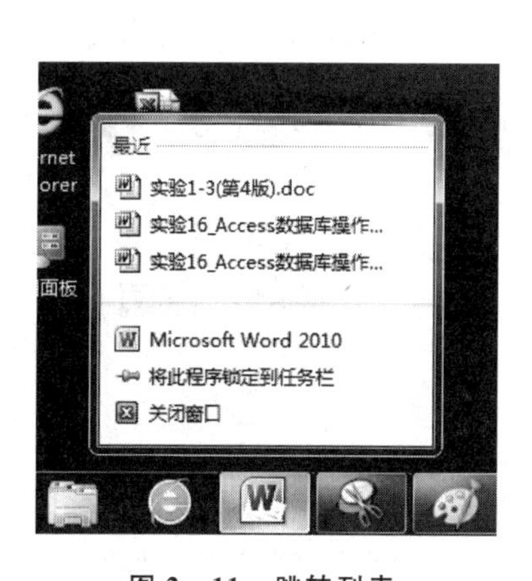

图 2－11 跳转列表

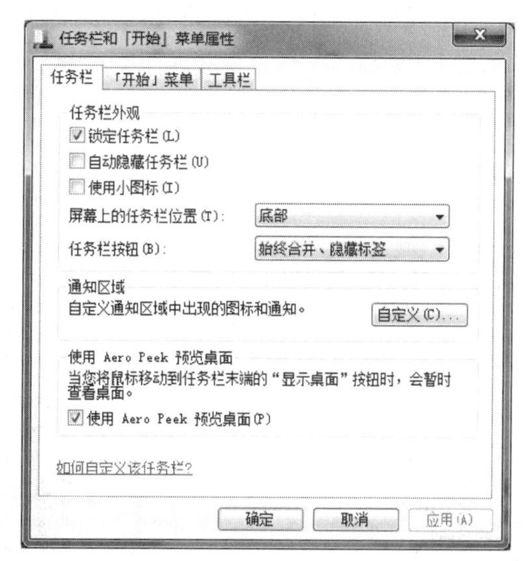

图 2－12 “任务栏”选项卡

4. 将个人照片设置为桌面背景

Windows 7 允许用户将计算机中的任意图片文件设置为桌面背景。因为照片文件的分辨率与屏幕分辨率可能不同，所以在设置过程中要注意调整照片的排列方式。

(1) 在桌面空白处右击，打开快捷菜单，选择其中的“个性化”命令，打开“个性化”窗口，如图 2－13 所示。

(2) 单击“桌面背景”图标，打开“桌面背景”窗口，如图 2-14 所示。

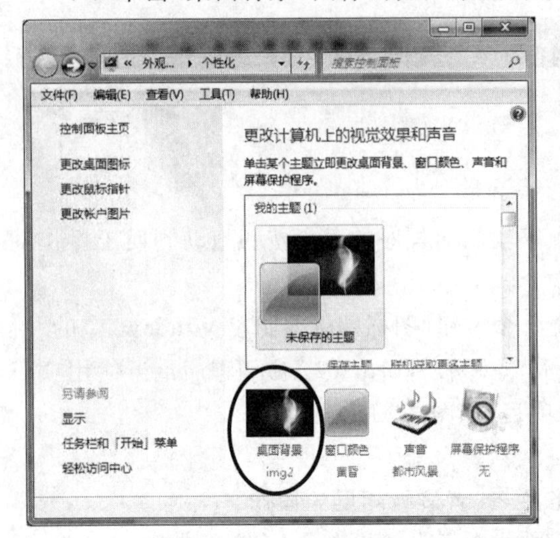

图 2-13 “个性化”窗口　　　　图 2-14 “桌面背景”窗口

(3) 单击“图片位置”下拉列表框后的【浏览】按钮，打开“浏览文件夹”对话框，如图 2-15 所示。

(4) 选择照片文件所在的目录，单击【确定】按钮，返回“桌面背景”窗口，其列表框中将显示所选目录中的所有图片。

(5) 选择要设置为桌面背景的图片，并在“图片位置”下拉列表中选择一个排列方式，如图 2-16 所示。

(6) 单击【保存修改】按钮，即可将所选图片设置为桌面背景。

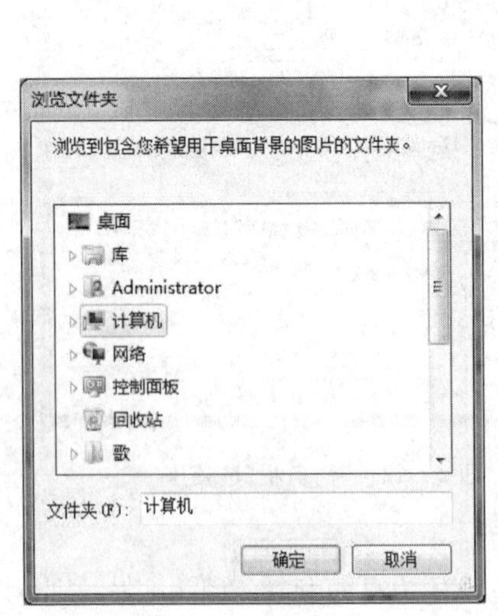

图 2-15 “浏览文件夹”对话框

图 2-16 选择图片和图片位置

四、思考与练习

1. 利用 Windows 7 的“并排显示窗口”功能校对文件。

2. 用两种不同的方法打开“资源管理器”，并将其关闭。

3. 打开资源管理器，通过目录树(即左侧窗格)及内容显示区(右侧主区域)两个不同区域的操作到达 C:\Windows，并比较在两个区域中操作的不同处。最后在此位置练习对多个文件的选定(连续的、不连续的、全部的)。

操作提示：

打开资源管理器之后，按题目要求到达相应位置(如“C:\Windows”文件夹)，在窗口右边区域的空白处右击，在弹出的快捷菜单的“查看”子菜单中，选择一种查看方式。如选“详细信息”，在此查看方式下可查看文件名称、大小等，如图 2-17 所示。单击该区域上方的文字，如“名称”“修改日期”“类型”“大小”等，可以对文件进行相应的排序显示，通常对用户查找文件有所帮助。

图 2-17　“详细信息”查看方式

实验3 Windows 7 文件管理

安装的操作系统、各种应用程序以及编排的信息和数据等，都是以文件形式保存在计算机中的。文件与文件夹的管理是学习计算机时必须掌握的基础操作。

一、实验目的

1. 掌握文件与文件夹的查看方法。
2. 掌握文件与文件夹的管理方法。
3. 掌握搜索计算机中的文件与文件夹的方法。
4. 熟悉文件与文件夹的高级管理。
5. 掌握回收站的管理。

二、实验内容

1. 整理计算机中的文件。
2. 删除计算机中的无用文件到回收站中，再清空回收站。
3. 使系统不显示计算机中重要的个人文件及文件夹。
4. 使用搜索功能搜索某个特定文件。

三、实验步骤

1. 整理计算机中的文件

使用计算机一段时间后，为了使计算机中的文件存放更加有条理，便于查看和使用，就需要定期对文件进行整理。

(1) 建立分类文件夹。

将“公司文件”和“拍摄照片”文件夹放于F盘新建的“资料汇总”文件夹内，具体步骤如下。

① 打开“计算机”窗口，如图3-1所示，双击“本地磁盘(F:)”图标，进入F盘。

② 单击窗口工具栏中的【新建文件夹】按钮，新建一个空白文件夹。

③ 输入文件夹名称“资料汇总”，如图3-2所示。

④ 双击“资料汇总”文件夹图标，进入文件夹窗口中，重复步骤②，再新建一个空白文件夹。

⑤ 选中新建文件夹，单击窗口工具栏【组织】按钮，在弹出的下拉菜单中选择“复制”命令，如图3-3所示。

⑥ 再次单击【组织】按钮，在弹出的快捷菜单中选择“粘贴”命令，复制一个空白文件夹。

⑦ 逐个选中文件夹，在“组织”菜单中选择“重命名”命令，分别将两个文件夹命名为“公司文件”和“拍摄照片”，效果如图3-4所示。

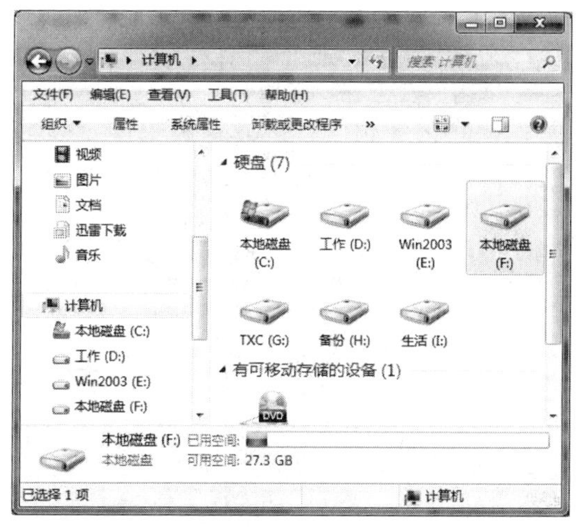

图 3-1 "计算机"窗口

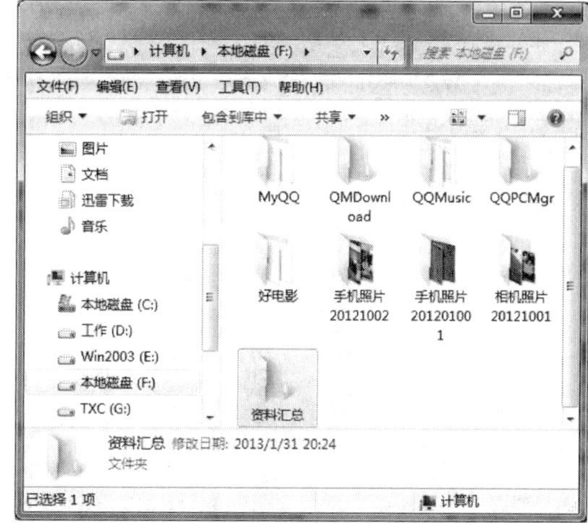

图 3-2 "本地磁盘(F:)"窗口

(2) 查找要分类存放的零散文件。

搜索 F 盘中所有的图片文件。

① 在如图 3-4 所示的窗口中,单击窗口地址栏中的"本地磁盘(F:)",返回到如图 3-2 所示的"本地磁盘(F:)"窗口。

图 3-3 复制所选中的文件夹

图 3-4 给两个新文件夹重命名

② 在窗口的搜索框中输入".jpg",窗口中会筛选出 F 盘中所有后缀名为".jpg"的图片文件,如图 3-5 所示。

③ 用鼠标单击搜索框,在扩展列表中单击"大小"选项。

④ 在展开的大小选项中选择"大(1—16 MB)",即可搜索出 1 MB 以上、16 MB 以下大小的图片文件,如图 3-6 所示。

(3) 移动文件到对应的文件夹中。

① 在搜索结果列表中拖动鼠标选择要移动的图片文件。

② 单击【组织】按钮,在下拉菜单中选择"剪切"命令,如图 3-7 所示。

③ 切换到前面所建的"拍摄照片"文件夹窗口。

④ 单击【组织】按钮,在下拉菜单中选择"粘贴"命令,即可将剪切的图片全部移动到该文件夹中,也就完成了图片的整理,如图 3-8 所示。

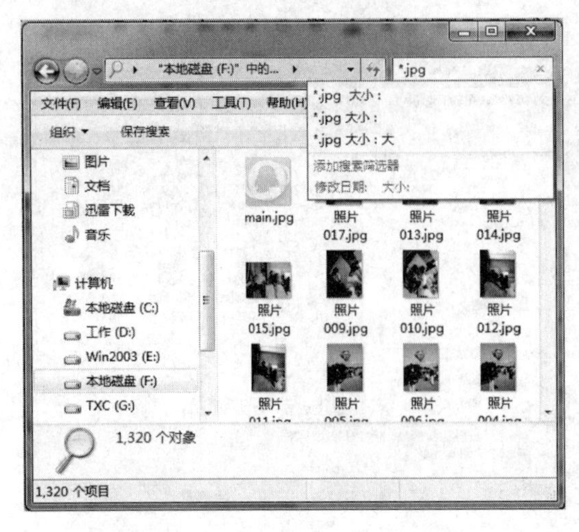

图 3-5 在 F 盘中搜索图片文件

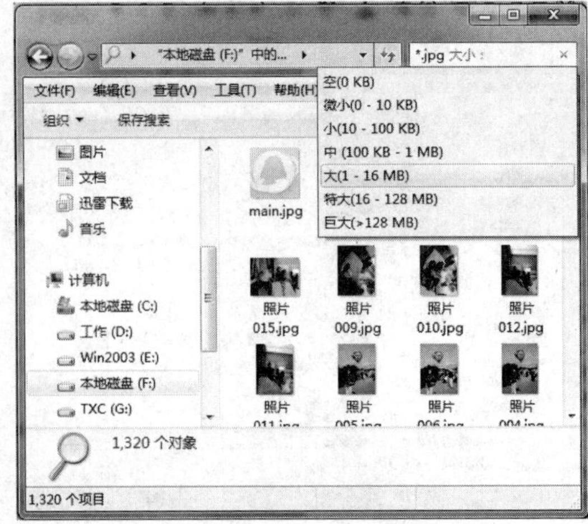

图 3-6 在搜索结果中再次筛选

"拍摄照片"文件夹窗口右侧所显示的图片，是窗口中当前文件的预览，这个区域称为"预览区域"，如图 3-8 所示。

图 3-7 剪切图片

图 3-8 粘贴图片

2. 删除无用的文件与文件夹

使用计算机过程中，及时清理计算机中的无用文件与文件夹是非常有必要的，既有利于提高管理效率又节省存储空间。

(1) 删除文件与文件夹到回收站。

① 打开相应文件夹窗口，选中要删除的文件与文件夹，如图 3-9 所示。

② 单击【组织】按钮，在下拉菜单中选择"删除"命令，弹出"删除文件"确认对话框，如图 3-10 所示，单击【确定】按钮即将所选中的文件与文件夹全部移动到回收站中。

(2) 彻底删除文件与文件夹。

① 打开"回收站"窗口，如图 3-11 所示。

② 单击工具栏中的【清空回收站】按钮，将彻底删除回收站中的所有文件。

③ 若仅需单独删除某个文件或文件夹，则选中相应文件与文件夹后用鼠标右击，然后在快捷菜单中选择"删除"命令，此时将弹出"删除文件"确认对话框，如图 3-12 所示(可与图 3-10 比较出它们的差异)，单击【确定】按钮即将所选中的文件与文件夹彻底删除。

图 3－9 选择要删除的文件并执行删除命令

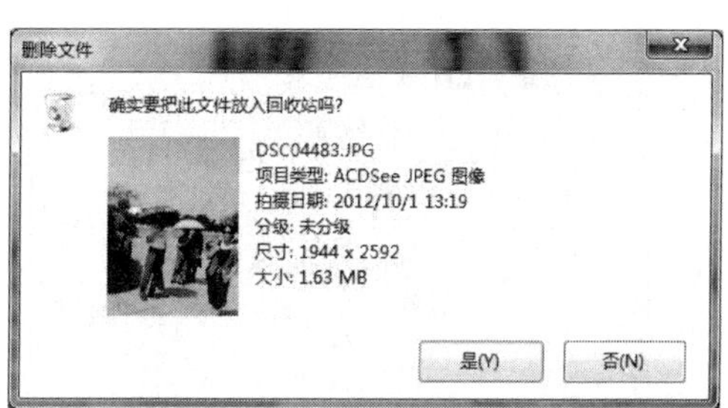

图 3－10 “删除文件”确认对话框

图 3－11 “回收站”窗口

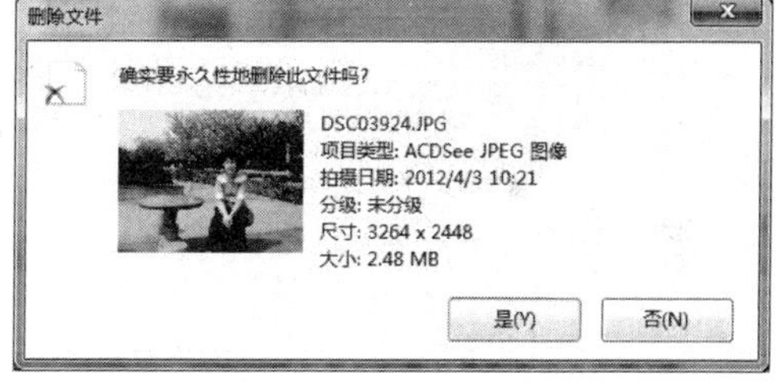

图 3－12 “删除文件”确认对话框

3. 设置系统不显示计算机中重要的个人文件与文件夹

对于计算机中重要的个人文件与文件夹，为了防止他人查看或修改，可以将其隐藏起来，并使所有计算机用户均无法看到被隐藏的个人文件与文件夹。隐藏文件夹时，还可以选择仅隐藏文件夹，或者将文件夹中的文件与子文件夹全部隐藏。

(1) 设置隐藏属性。

① 打开 F 盘的“资料汇总”文件夹窗口，鼠标右击要隐藏的“拍摄照片”文件夹，弹出快捷菜单。

② 选择“属性”命令，打开“拍摄照片 属性”对话框，如图 3－13 所示。

③ 在“常规”选项卡中选中“隐藏”复选框，如图 3－14 所示。

④ 单击【确定】按钮，完成设置。

(2) 更改文件与文件夹查看方式。

① 在“资料汇总”文件夹窗口的“工具”菜单中选择“文件夹选项”命令，打开“文件夹选项”对话框，如图 3－15 所示。

② 在“查看”选项卡中选择“不显示隐藏的文件、文件夹或驱动器”复选框，如图 3－16 所示。

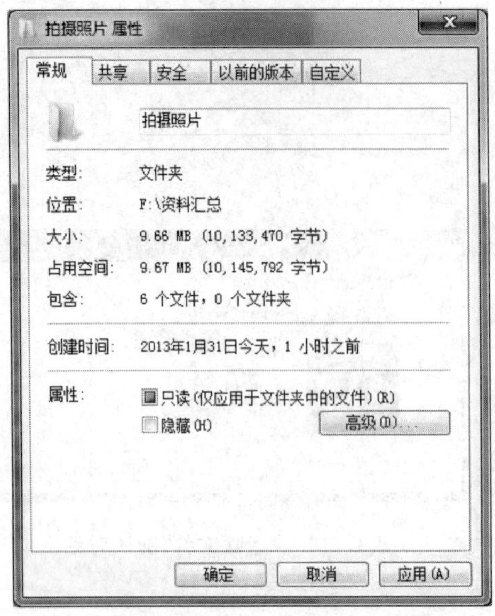

图 3-13 “拍摄照片 属性”对话框

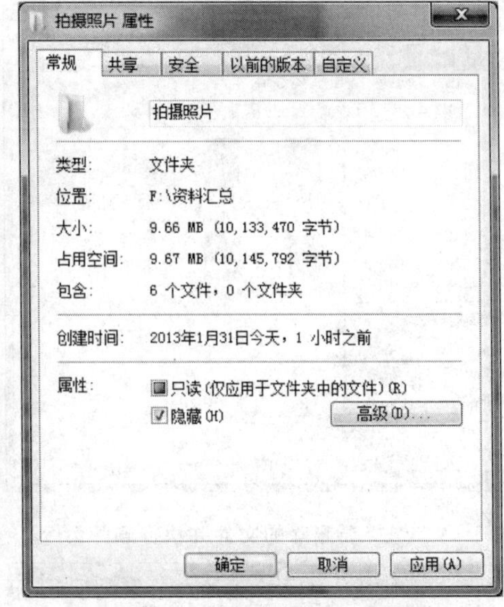

图 3-14 选中“隐藏”复选框

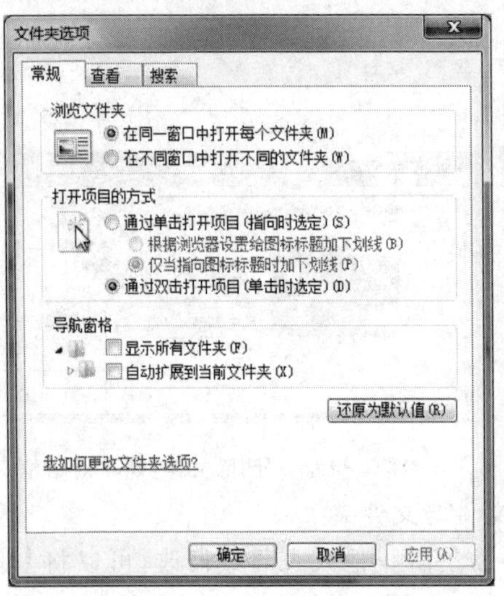

图 3-15 “文件夹选项”对话框

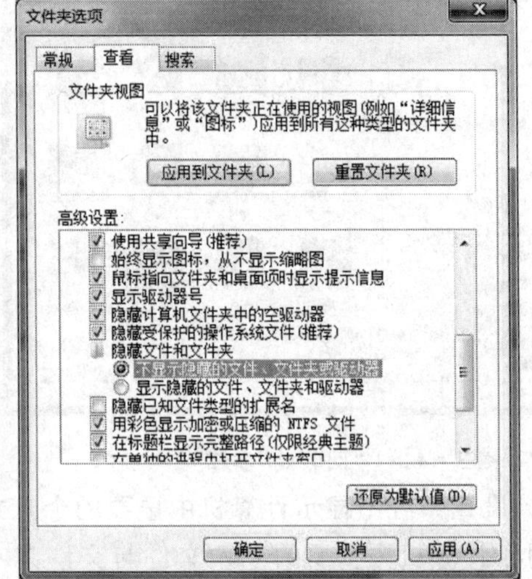

图 3-16 “文件夹选项”对话框“查看”选项卡

③ 单击【确定】按钮，完成更改。

(3) 查看设置效果。

返回“资料汇总”文件夹窗口，发现设置了隐藏属性的“拍摄照片”文件夹不再在窗口中显示了。

4. 使用搜索功能搜索某个特定文件

随着计算机中的文件与文件夹越来越多，用户在查看指定文件时，如果忘记了文件名称与保存位置，那么就很难找到需要的文件了。这时可以通过 Windows 7 提供的搜索功能来快速搜索计算机中的文件与文件夹。

(1) 打开“计算机”窗口。

(2) 在搜索框中输入要搜索的关键字的第一个字符，窗口中立刻自动筛选出包含该字符的文件与文件夹。

(3) 继续输入字符并完善关键字，系统会根据输入的内容自动继续搜索名称中包含该关键字的所有文件与文件夹，并显示相关信息，如图 3－17 所示。

(4) 鼠标右击文件与文件夹，打开快捷菜单，如图 3－18 所示。

(5) 选择“打开文件位置”命令，打开文件所在目录窗口，如图 3－19 所示。

通过搜索框进行搜索时，首先需要进入相应的搜索范围窗口，如打开“计算机”窗口直接进行搜索，那么搜索范围为所有磁盘；若进入 D 盘窗口进行搜索，则搜索范围为整个 D 盘；同样，如果进入下级文件夹中进行搜索，如 C:\Windows 目录，则搜索范围为 C 盘中的 Windows 目录。

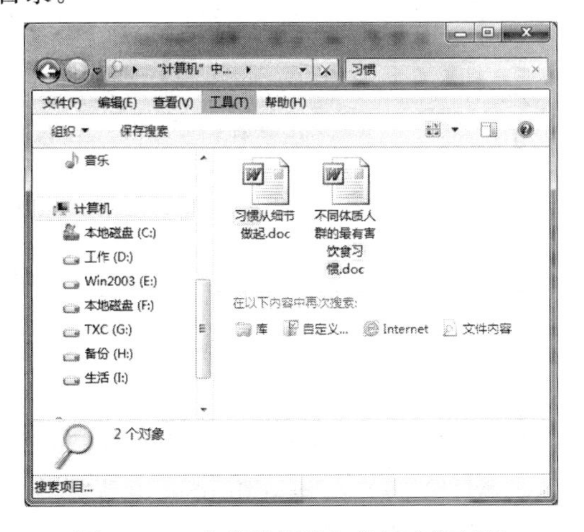

图 3－17 在搜索框输入关键字“习惯”

图 3－18 快捷菜单

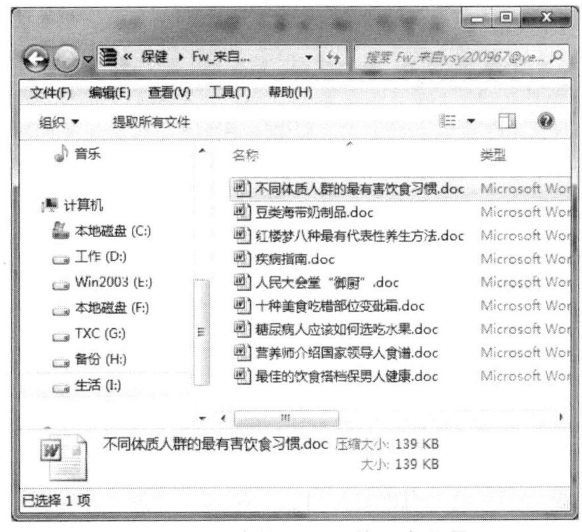

图 3－19 直接打开文件所在位置

四、思考与练习

1. 桌面常用图标的显示与隐藏操作。

回收站通常位于桌面上，但回收站也可能被隐藏了。同样，其他常用桌面图标也可以被隐藏。显示或隐藏桌面上的回收站图标(其他类似)的操作步骤如下。

(1) 单击“开始”按钮，在「开始」菜单的“搜索框”中键入“桌面”，然后在搜索结果中单击“显示或隐藏桌面上的通用图标”，如图 3－20 所示。

(2) 打开“桌面图标设置”对话框，如图 3-21 所示，执行以下操作之一：

若要隐藏某个图标，则清除其复选框；若要显示某个图标，则选中其复选框。

(3) 单击【确定】按钮。

注：即使回收站被隐藏，被删除的文件仍暂时存储在回收站中，直到用户选择将其永久删除或恢复。

图 3-20 「开始」菜单中显示的搜索结果

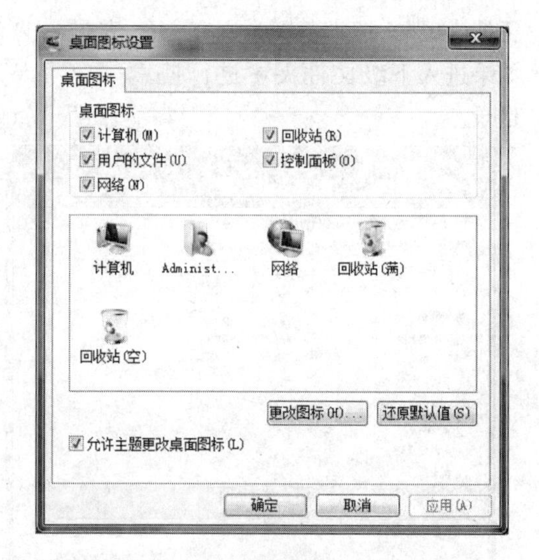

图 3-21 “桌面图标设置”对话框

2. 在计算机中新建若干个文件夹，分别设定不同的名称，然后将计算机中的文件分门别类地放置到这些文件夹中。

实验 4　Windows 7 附带工具

Windows 7 中附带了很多实用的工具，这些工具能够满足用户的各种日常需求，这样即使计算机中没有安装其他软件，用户也能通过系统自带的工具进行基本的工作。

一、实验目的

1. 掌握数学输入面板的使用。
2. 掌握录音机的使用。
3. 掌握截图工具的使用。
4. 掌握写字板的使用。

二、实验内容

1. 在 Word 2010 中使用数字输入面板插入公式。
2. 使用录音机。
3. 使用截图工具。
4. 使用写字板。

三、实验步骤

1. 使用数学输入面板将公式 $y=\frac{2}{\sqrt{\pi}}\int_0^{\frac{1}{2}}\mathrm{e}^{-x^2}\mathrm{d}x$ 插入 Word 2010 文档中

数学输入面板是 Windows 7 的一个附带工具，如图 4－1 所示，它使用内置于 Windows 7 的数学识别器来识别手写的数学表达式，并且可以将识别的数学表达式插入字处理程序或计算程序。

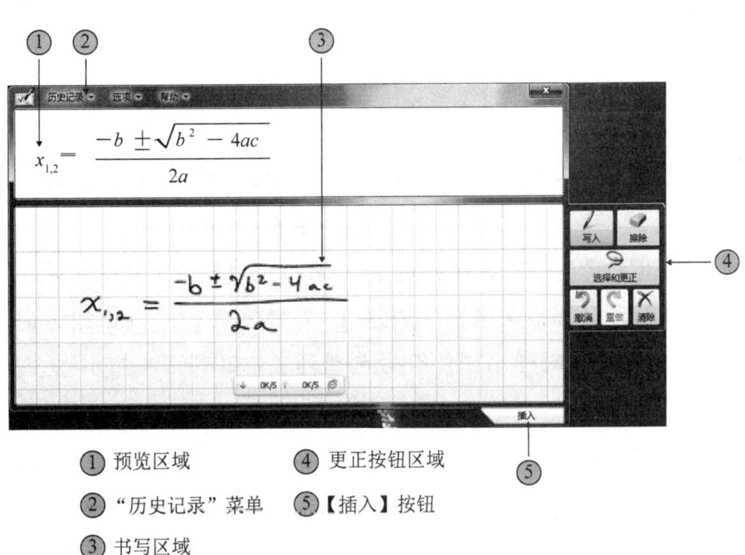

图 4－1　数学输入面板分区示意

(1) 在「开始」菜单的“附件”选项列表中，单击“数学输入面板”命令打开“数学输入面板”窗口，如图 4-2 所示。

图 4-2 “数学输入面板”窗口

(2) 在“书写区域”书写格式正确的数学表达式。

① 用鼠标在“书写区域”书写完整公式，如图 4-3 所示，从其“预览区域”中可见手写识别是有误差的。

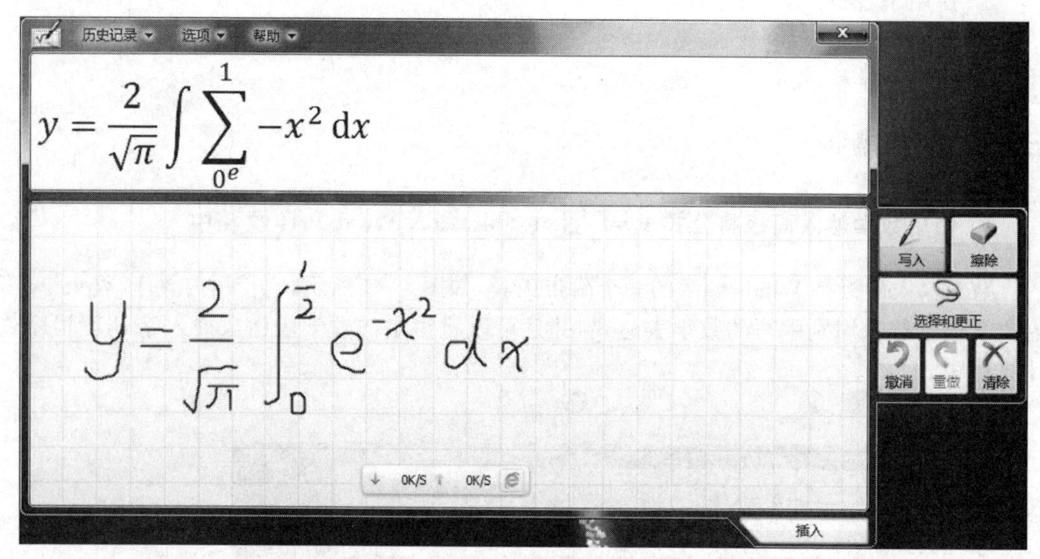

图 4-3 在“书写区域”中书写公式

② 单击“更正按钮区域”中的“选择和更正”按钮，然后在“书写区域”中标记(鼠标点击该符号或画一个圆圈选定被错误识别的表达式)需要修改的部分。被标记的部分会显示为红色且包含在虚线框内，同时弹出相似符号选择列表，如图 4-4 所示。

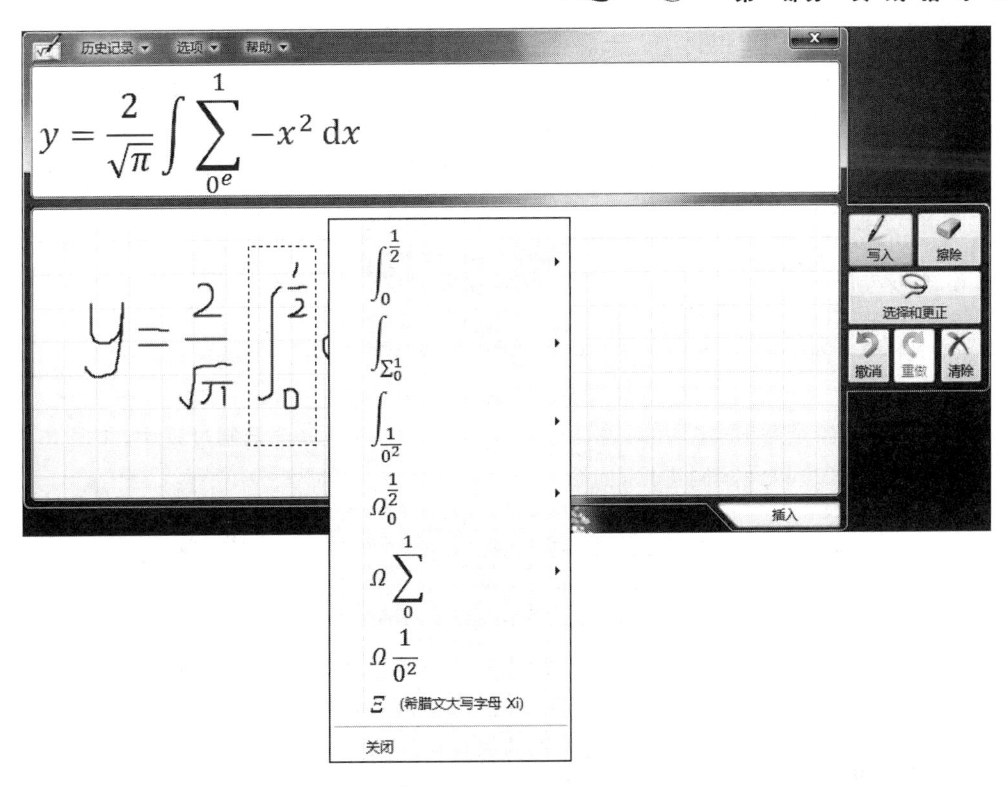

图 4-4 相似符号选择列表

③ 选择正确的符号后，识别的数学表达式会显示在预览区域，如图 4-5 所示。

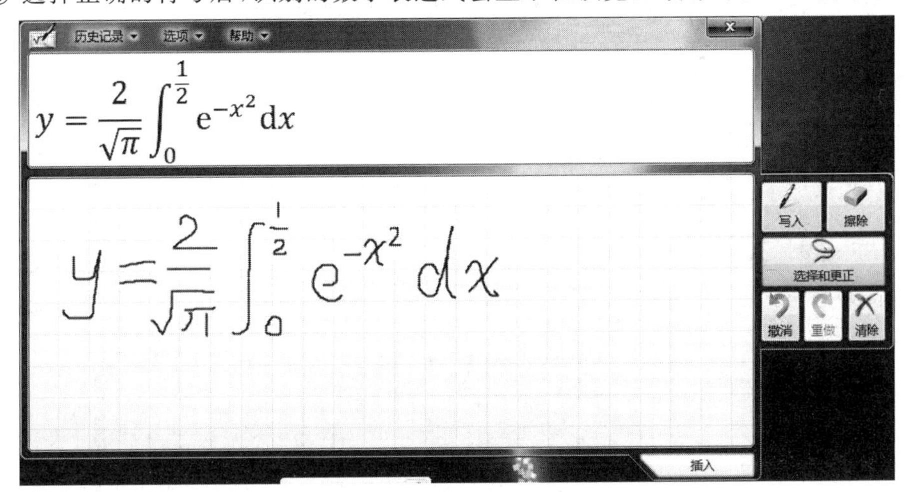

图 4-5 更正后的数学表达式

④ 如果书写的内容不在可选项列表中，也可以用“擦除”按钮 和“写入”按钮 重新改写选定的表达式。

(3) 打开欲插入数学公式的 Word 2010 文档，并确定光标位置。

(4) 当确认预览区域正确显示所需公式后，可单击“数学输入面板”下方的【插入】按钮，可以将识别的数学表达式插入当前的活动程序(本例为 Word 2010 文档)。

注：如果在写完整个表达式之后再进行任何更正(而不是边写边更正)，则很可能会减少手写识别的误差。即表达式写入得越多，正确识别的概率就越大。

2. 使用录音机

使用录音机，首先需要为计算机准备话筒以及音箱(或耳麦)，话筒用于录制声音，音箱(或耳麦)则用于播放声音。

(1) 在「开始」菜单的“附件”列表中选择“录音机”命令，打开“录音机”窗口，如图 4-6 所示。

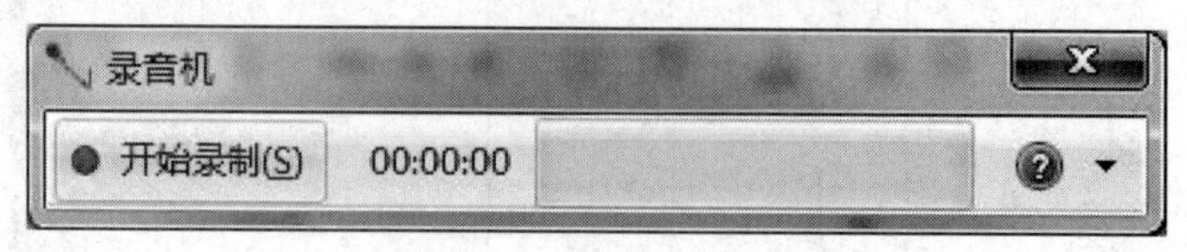

图 4-6 “录音机”窗口——初始状态

(2) 单击【开始录制】按钮，并对着话筒朗读要录制的内容。在录制过程中，工具条中将显示声音的录制长度以及录制进度，如图 4-7 所示。

图 4-7 “录音机”窗口——录制状态

(3) 录制完毕后，单击【停止录制】按钮，并弹出“另存为”对话框。

(4) 在“另存为”对话框中设置录制声音的保存位置与保存名称，如图 4-8 所示。录音机所录制的声音文件的扩展名是“. wma”。

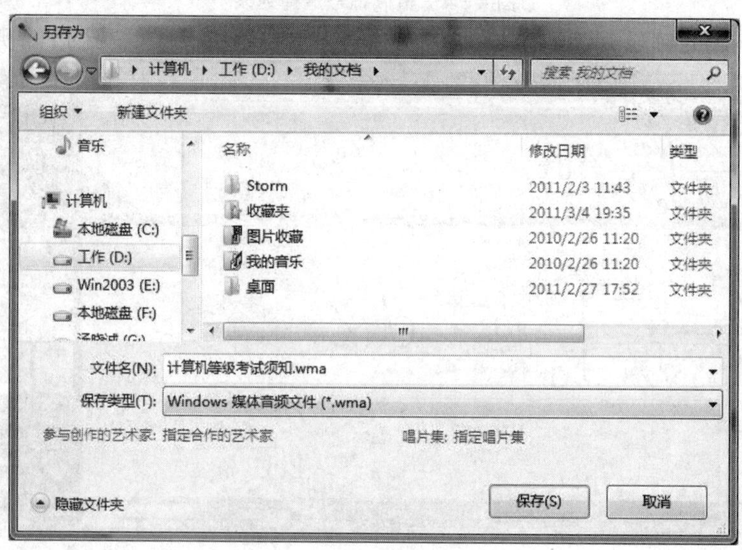

图 4-8 “另存为”窗口

(5) 单击【保存】按钮，返回到“录音机”初始窗口。

(6) 可以使用 Windows Media Player 或其他音乐播放程序进行播放。

3. 使用截图工具

截图工具是 Windows 7 中自带的一款用于截取屏幕图像的工具。截图工具能够将屏幕中显示的内容截取为图片，并保存为文件或复制应用到其他文件中。

(1) 启动截图工具。在「开始」菜单的“附件”列表中选择“截图工具”命令，打开“截图工具”窗口，如图 4-9 所示。

(2) 在"截图工具"窗口中,单击【新建】按钮下拉箭头,在下拉菜单中选择其中一种截图方式。

截图工具提供了 4 种截图方式,分别为"任意格式截图""矩形截图""窗口截图"和"全屏幕截图",如图 4-10 所示。

图 4-9 "截图工具"窗口

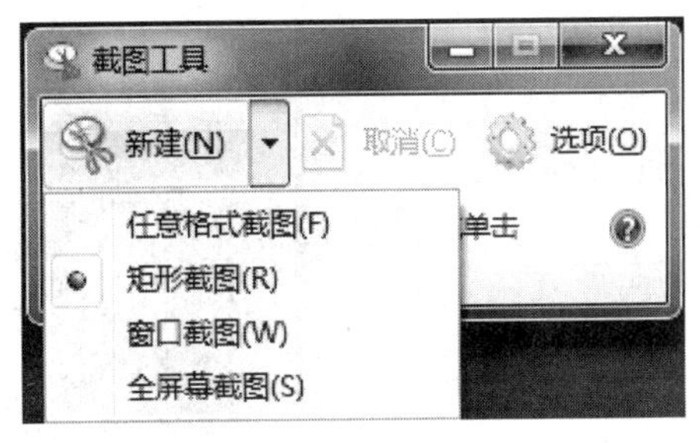

图 4-10 截图工具的 4 种截图方式

(3) 截取任意格式的图片。

① 在下拉菜单中选取"任意格式截图"方式,此时鼠标呈剪刀状。

② 单击鼠标左键,拖动鼠标在图片窗口中绘制线条,框选要截图的范围。原始图片窗口如图 4-11 所示。

③ 松开鼠标键,即可将选取范围截取为图片并显示在"截图工具"窗口中,如图 4-12 所示。

④ 保存图片文件。

图 4-11 原始图片窗口

图 4-12 以"任意格式截图"方式截图

(4) 截取矩形区域的图片。

① 在"截图工具"窗口中选取"矩形截图"方式,此时鼠标呈十字形状。

② 单击鼠标左键,拖动鼠标在图片窗口中绘制矩形,框选要截图的范围。

③ 松开鼠标键,即可将选取范围截取为图片并显示在"截图工具"窗口中,如图 4-13 所示。

④ 保存图片文件。

(5) 截取窗口。

图 4－13　以“矩形截图”方式截图

① 在“截图工具”窗口中选取“窗口截图”方式，此时鼠标指针呈手的形状。

② 将鼠标指针指向图片窗口并单击，即可将所选窗口截取为完整的图片，如图 4－14 所示。

图 4－14　以“窗口截图”方式截图

③ 保存图片文件。

(6) 截取全屏幕。

① 在“截图工具”窗口中选取“全屏幕截图”方式,整个显示器屏幕中的图像就会自动被截取并显示在截图工具窗口中,如图 4－15 所示。

图 4－15 以“全屏幕截图”方式截取整个桌面

② 保存图片文件。

4. 写字板的使用

Windows 7 自带的写字板,可以创建和编辑带复杂格式的文档。以此为例,练习窗口、菜单和对话框的基本操作。

(1) 单击任务栏上“开始”按钮,打开「开始」菜单。

(2) 单击“所有程序”选项,打开“所有程序”列表。

(3) 单击“附件”文件夹选项,展开“附件”菜单。

(4) 单击“写字板”选项,打开“写字板”窗口,如图 4－16 所示。

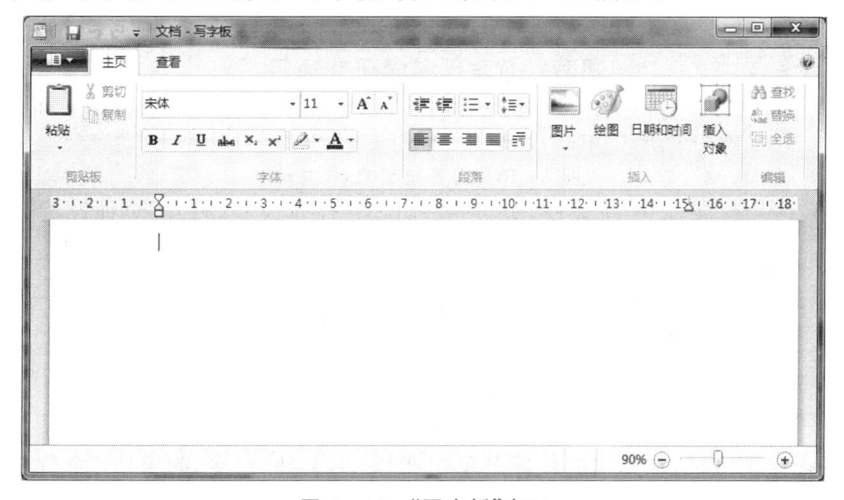

图 4－16 “写字板”窗口

(5) 拖动窗口标题栏,使窗口在屏幕上移动。

(6) 分别拖动标题栏至窗口左边距、右边距、顶部及窗口的普通区域,观察窗口的大小改变及还原情况。

（7）通过双击窗口标题栏、使用窗口右角上的按钮等多种方法，尝试改变窗口大小。

（8）单击窗口左上角“文件”按钮打开“文件”下拉菜单，执行“打开”命令，弹出“打开”窗口，选择路径为“D盘”，在“搜索框”中输入文件扩展名“.rtf”（这是写字板支持的文件类型的一种），如图4-17所示。

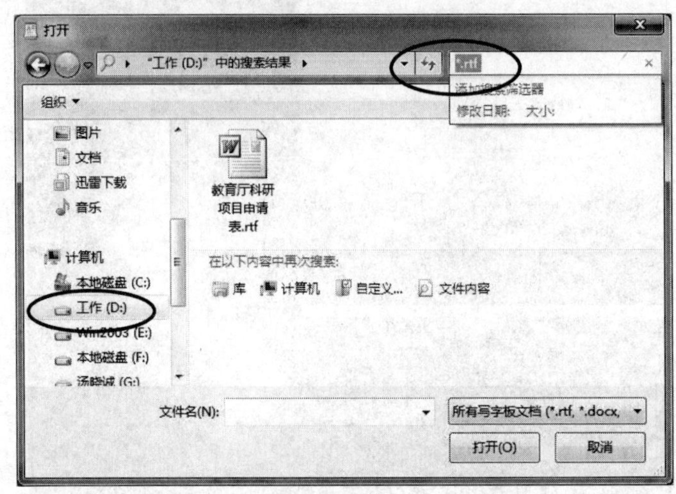

图4-17 按扩展名搜索文件

（9）在搜索结果中选择一个rtf文件并打开，本例打开文件如图4-18所示。

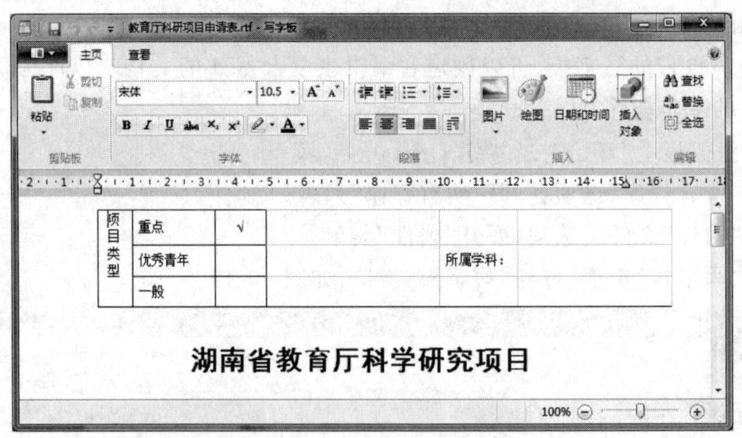

图4-18 打开指定的rtf文件

（10）再次打开“文件”下拉菜单，单击“页面设置”菜单命令，打开“页面设置”对话框，设置纸张大小、文字排列方向及页边距等参数并单击【确定】按钮。

（11）单击“写字板”窗口的“关闭”按钮，关闭该窗口。

四、思考与练习

1. 练习Windows 7桌面小工具的设置与使用。

右击桌面空白区域，在弹出的快捷菜单中选择“小工具”命令，打开“桌面小工具”窗口，如图4-19所示。

（1）单击并展开“显示详细信息”选项，了解各个小工具的功能和用途。

（2）依次将小工具拖放到桌面，并设置小工具属性。

（3）关闭不需要放置于桌面的小工具。

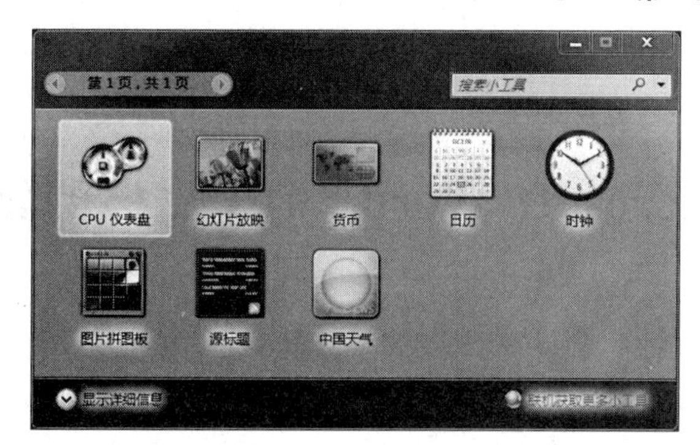

图 4－19 “桌面小工具”窗口

（4）联机获取更多小工具。

2. 学习使用 Windows 7 的“帮助和支持”，查找如何“共享计算机上的文件”。

单击“开始|帮助和支持”，打开 Windows 7 的“帮助和支持”窗口，如图 4－20 所示。在搜索栏中输入“共享”关键词，单击右边的“搜索”按钮 开始查找，找到的相关主题显示在“搜索结果”列表中，如图 4－21 所示。单击其中所需要的主题，即可显示相关内容，如图 4－22 所示。

图 4－20 “帮助和支持”窗口

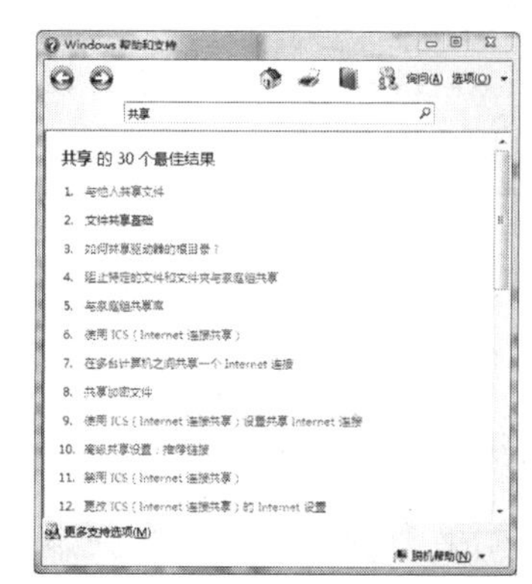

图 4－21 在搜索框中输入关键字“共享”

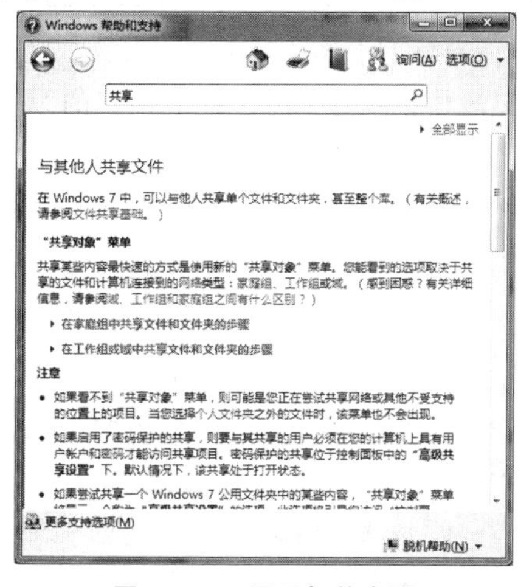

图 4－22 显示相关主题

实验 5　Microsoft Word 2010 文档的输入和编辑

一、实验目的

1. 掌握 Word 2010 的启动和退出，熟悉 Word 2010 工作窗口。

2. 熟练掌握文档的创建、输入、保存、保护和打开。

3. 熟练掌握文档的编辑，包括插入、修改、删除、移动、复制、查找和替换、英文校对等基本操作。

二、实验内容

日记的输入和编辑，具体要求如下：

(1) 创建一个新文档，输入以下内容，把当前文档保存到 E 盘下的“Word1”文件夹中，文件命名为“W1.docx”，要求日期设置为自动更新。

> 点点日记
>
> 今天是 2013 年 1 月 21 日星期一，室内气温在5～7℃之间。
>
> 晚上🕗，我正在看🕮，突然☎铃声响起，原来是我的同学Mary，她问我书中第Ⅷ页的数学题，求“1×2+2×4+3×6+4×8+…+100×200＝？”有什么简便方法？我告诉了她，她很高兴。对我说：“Thank you! My best friend!”
>
> 后来，她要我去图书馆为她借阅巴金的《家》、《春》、《秋》，并告诉我，她的Email地址：Mary@21cn.com，要我借到后写🖃给她。

(2) 打开文档“W1.docx”，进行如下修改：

① 插入文字：在正文第 2 段中的文字“我告诉了她，”的“她”之后插入文字“我的解题思路”。

② 改写文字：将正文第 3 段中的文字“并告诉我”中的“并”改为“她”。

③ 删除文字：删除正文第 3 段中的文字“《春》《秋》”。

④ 复制文字：将正文第 2 段中的文字“她问我书中第Ⅷ页的数学题，”中的“数学”复制到“我”和“书”之间。

⑤ 移动文字：将正文第 3 段中的文字“她告诉我，她的 Email 地址：Mary@21cn.com，”移动到正文第 3 段中的文字“后来，”之后。

⑥ 替换文字：将文中所有“她”替换为“他”。

⑦ 合并段落：将正文第 2 段和第 3 段合并成一段。

⑧ 拼写和语法：检查输入的英文单词是否有拼写错误，有则改正。

⑨ 将最后一段删除，再将其恢复。

⑩ 为便于其他应用程序读取文件，将文件另存为纯文本文件“T1.txt”。

（3）新建文档，设置自动保存时间间隔为 5 分钟，插入文档“W1.docx”的内容，保存为“W2.docx”，设置文档的打开密码为“123”，再修改密码为“456”。

三、实验步骤

（1）进入“E”盘窗口，在窗口的空白处右击，选择“新建|文件夹”命令，输入文件夹名“Word1”，按[Enter]键。

双击桌面上的“Word 2010”快捷图标，启动 Word 2010，进入 Word 2010 窗口。单击“输入法”图标，选择自己熟悉的输入法，在文档编辑区输入正文。输入文字一般在插入状态下进行(此时状态栏显示【插入】按钮，如果不是，可以单击按钮或按[Insert]键来切换)。

注：在输入中文时，键盘要处于小写字母输入状态。文档中的英文字母、数字和小数点等在英文状态下输入。

文档中的日期和一些特殊符号使用如下方法输入：

① 日期。单击“插入”选项卡“文本”组中的“日期和时间”按钮，弹出“日期和时间”对话框，在“语言”下拉列表框中选择“中文(中国)”，在“可用格式”列表框中选择需要的格式，并选中“自动更新”复选框，单击【确定】按钮。

② “℃”“Ⅷ”“×”符号。右击输入法状态条上的“软键盘” 按钮，在弹出的菜单中分别选择“特殊符号”“数字序号”“数学符号”命令，然后单击相应的符号。要关闭软键盘，只需单击“软键盘”按钮。

③ “🕘”“🕮”“☎”“🖃”图标。单击“插入”选项卡“符号”组中的“符号”按钮Ω下拉箭头，在下拉列表中选择“其他符号”，弹出“符号”对话框，在“符号”标签“字体”下拉列表框中选择“Wingdings”，然后选择需要的符号，单击【插入】按钮，插入完成后，单击“关闭”按钮关闭“符号”对话框。

单击【文件】按钮，在下拉菜单中选择“保存”命令，打开“另存为”对话框，在地址栏下拉列表框中选择或输入“E:\Word1”，选择“保存类型”为“Word 文档”，输入文件名“W1”，单击【保存】按钮，然后关闭该文档。

（2）打开“W1.docx”，对文档按要求进行修改：

① 在插入状态下，将光标移到正文第 2 段中的文字“我告诉了她”后面，输入“我的解题思路”。

② 选中正文第 3 段中的文字“并”字，按[Delete]键，输入“她”。

③ 选中正文第 3 段中的文字“《春》《秋》”，按[Delete]键。

④ 选中正文第 2 段中的文字“数学”，右击，在快捷菜单中选择“复制”，将光标移到“我”和“书”之间，按[Ctrl]+[V]组合键。也可以使用按住[Ctrl]键和鼠标拖动的快捷方法。

⑤ 选中正文第 3 段中的文字“她告诉我，她的 Email 地址：Mary@21cn.com，”并右击，在弹出的快捷菜单中选择“剪切”命令，将光标移到正文第 3 段中的文字“后来，”后面，右击，在弹出的快捷菜单中选择“粘贴选项”中的“保留源格式”命令。也可以使用鼠标拖动的方法。

⑥ 单击“开始”选项卡“编辑”组中的“替换”按钮，弹出“查找和替换”对话框。在“查找内容”下拉列表框中输入“她”，在“替换为”下拉列表框中输入“他”，单击【全部替换】按钮，在弹出的对话框中单击【确定】按钮，再关闭对话框。

⑦ 将光标移到第 2 段的段落标记前(如果看不到段落标记，单击“开始”选项卡“段落”组中的“显示/隐藏编辑标志”按钮)，然后按[Delete]键。

⑧ 单击“审阅”选项卡“校对”组中的“拼写和语法”按钮，进行拼写检查，如果有错误，在“拼写和语法”对话框中更改。

⑨ 选中最后一段，按[Delete]键删除，再单击快速访问工具栏中的“撤销”按钮撤销刚才的操作。

⑩ 单击【文件】按钮，在下拉菜单中选择“另存为”命令，弹出“另存为”对话框，在“保存类型”下拉列表框中选择“纯文本(.txt)”，输入文件名“t1”，单击【保存】按钮。

(3) 单击【文件】按钮，在下拉菜单中选择“新建”命令，在可用模板中选择“空白文档”，然后在右边预览窗口下单击“创建”按钮。

单击【文件】按钮，在下拉菜单中选择“选项”命令，弹出“选项”对话框，在对话框左侧选择“保存”标签，在打开的面板中设置“保存自动恢复信息时间间隔”为“5”分钟，单击【确定】按钮。

单击“插入”选项卡“文本”组中的“对象”下拉按钮，在下拉列表中选择“文件中的文字”命令，弹出“插入文件”对话框，在地址栏下拉列表框中选择或输入“E:\Word1”，选择其中的文件“W1.docx”，单击【插入】按钮。

单击【文件】按钮，在下拉菜单中选择“另存为”命令，弹出“另存为”对话框，在地址栏下拉列表框中选择或输入“E:\Word1”，选择“保存类型”为“Word 文档”，输入文件名“W2”，单击对话框的【工具】下拉按钮，选择“常规选项”命令，弹出“常规选项”对话框，在“打开文件时的密码”文本框中输入“123”，在“修改文件时的密码”文本框中输入“456”。单击【确定】按钮。在弹出的“确认密码”对话框中分别再次输入密码并确定，最后单击【保存】按钮。

注：许多操作的实现途径有多种，或使用菜单命令，或使用功能区相应按钮，或使用组合键，任选其中一种即可。

四、思考与练习

1. 建立一个新文档，输入以下文字。要求：输入时应注意中英文、全角/半角、标点符号等。并以“W3.docx”为文件名保存在“E:\Word1”下，然后关闭该文档。

> 在 Intel Developer Forum(英特尔开发者论坛)上，微软主席 Jim Allchin 宣布，64 位的 Windows 桌面版本将在 4 月初发布，而其服务器版则在 4 月底推出。Allchin 表示，公司把近期目标锁定为 64 位系统，并鼓励广大开发者开始改善他们的程序，以发挥额外的处理优势。上个月，微软发布了 64 位 OS 的第二个候选版，并且承诺将在 6 月底发布最终版本。其实 64 位 Windows XP 和 Windows Server 2003 让大家一直望穿秋水，特别是 CPU 芯片商 AMD，它在两年前就已经推出 64 位的服务芯片。

2. 操作要求如下：

(1) 建立一个新文档，输入以下内容，并以“W4.docx”为文件名保存在“E:\Word1”下，然后关闭该文档。

> 有人曾笑着说：“中国有两港——花港和香港。”由“花”而联想到“香”，这是很自然的。
>
> “花港观鱼”这古老的名胜，如今更是名副其实。四时如锦的花，碧波粼粼的港，招之即来的鱼，都是令人喜爱的。除此之外，漫步河塘柳岸，散步草坪林荫，或登亭台楼榭眺望远山近水，或傍湖边长椅欣赏六桥烟柳，也使人心旷神怡。

(2) 打开“W4.docx”文件，做如下编辑操作：

① 在文本的最前面插入一行标题:“花港观鱼”。

② 将“有人曾笑着说”的“笑着”两个字删除。把文中的“由‘花’而联想到‘香’”改为“由于中国几千年的欣赏习惯,从远自《诗经》近到当今最流行的歌曲中,都可以发现人们总是习惯看到‘花’而联想到‘香’”。

③ 将“漫步河塘柳岸”和“散步草坪林荫”位置互换。

④ 将文中的两段合并成一段,在“如今更是名副其实。”后另起一段。

⑤ 将所有的“港”替换为“Gang”。

⑥ 分别以“页面视图、阅读版式视图、Web版式视图、大纲视图和草稿视图”等不同方式显示文档,观察各个视图的显示特点。

修改结果如下:

花Gang观鱼

有人曾说:“中国有两Gang——花Gang和香Gang。”由于中国几千年的欣赏习惯,从远自《诗经》近到当今最流行的歌曲中,都可以发现人们总是习惯看到“花”而联想到“香”,这是很自然的。“花Gang观鱼”这古老的名胜,如今更是名副其实。

四时如锦的花,碧波粼粼的Gang,招之即来的鱼,都是令人喜爱的。除此之外,散步草坪林荫,漫步河塘柳岸,或登亭台楼榭眺望远山近水,或傍湖边长椅欣赏六桥烟柳,也使人心旷神怡。

最后将文件命名为“W5.docx”并保存在“E:\Word1”下,并设置打开权限密码“AAA”,修改权限密码“BBB”。

(3) 新建文档,设置自动保存时间间隔为8分钟,插入文档“W5.docx”的内容。根据Word 2010提供的字数统计命令,记录并在Word 2010文档中输入字数、字符数(不计空格)和段落数等数据,然后以“W6.docx”为文件名保存在“E:\Word1”下。

(4) 为使其他应用程序(如记事本)能读取文件“W5.docx”,打开“W5.docx”,把它另存为“E:\Word1”下的“T2.txt”。

3. 搜集自己喜欢的文字题材(如人生感悟、体育音乐、明星名人等),输入到Word 2010文档中保存,尽量多用所学的文档输入和编辑知识。

实验 6　Microsoft Word 2010 文档排版

一、实验目的

1. 熟练掌握 Word 2010 文档的字符排版。
2. 熟练掌握 Word 2010 文档的段落排版。
3. 熟练掌握 Word 2010 文档的页面排版。

二、实验内容

用 Word 2010 对散文排版，效果如图 6－1 所示。

散文欣赏

燕子去了，有再来的时候；杨柳枯了，有再青的时候；桃花谢了，有再开的时候。但是，聪明的，你告诉我，我们的日子为什么一去不复返呢？——是有人偷了他们罢：那是谁？又藏在何处呢？是他们自己逃走了罢：现在又到了哪里呢？

我不知道他们给了我多少日子；但我的手确乎是渐渐空虚了。在默默里算着，八千多日子已经从我手中溜去；像针尖上一滴水滴在大海里，我的日子滴在时间的流里，没有声音，也没有影子。我不禁头涔涔而泪潸潸了。

去的尽管去了，来的尽管来着；去来的中间，又怎样地匆匆呢？早上我起来的时候，小屋里射进两三方斜斜的太阳。太阳他有脚啊，轻轻悄悄地挪移了；我也茫茫然跟着旋转。于是——洗手的时候，日子从水盆里过去；吃饭的时候，日子从饭碗里过去；默默时，便从凝然的双眼前过去。我觉察他去的匆匆了，伸出手遮挽时，他又从遮挽着的手边过去，天黑时，我躺在床上，他便伶伶俐俐地从我身上跨过，从我脚边飞去了。等我睁开眼和太阳再见，这算又溜走了一日。我掩着面叹息。但是新来的日子的影儿又开始在叹息里闪过了。

在逃去如飞的日子里，在千门万户的世界里的我能做些什么呢？只有徘徊罢了，只有匆匆罢了；在八千多日的匆匆里，除徘徊外，又剩些什么呢？过去的日子如轻烟，被微风吹散了，如薄雾，被初阳蒸融了；我留着些什么痕迹呢？我何曾留着像游丝样的痕迹呢？我赤裸裸来到这世界，转眼间也将赤裸裸的回去罢？但不能平的，为什么偏要白白走这一遭啊？

你聪明的，告诉我，我们的日子为什么一去不复返呢？

*作者：朱自清（1898-1948），浙江绍兴人，现代作家。

图 6－1　《匆匆》排版效果

要求如下：

(1) 新建空白文档，输入以下文字。保存在E盘下的“Word2”文件夹中，文件名为“W1.docx”。

> 匆匆
>
> 燕子去了，有再来的时候；杨柳枯了，有再青的时候；桃花谢了，有再开的时候。但是，聪明的，你告诉我，我们的日子为什么一去不复返呢？——是有人偷了他们罢：那是谁？又藏在何处呢？是他们自己逃走了罢：现在又到了哪里呢？
>
> 我不知道他们给了我多少日子；但我的手确乎是渐渐空虚了。在默默里算着，八千多日子已经从我手中溜去；像针尖上一滴水滴在大海里，我的日子滴在时间的流里，没有声音，也没有影子。我不禁头涔涔而泪潸潸了。
>
> 去的尽管去了，来的尽管来着；去来的中间，又怎样地匆匆呢？早上我起来的时候，小屋里射进两三方斜斜的太阳。太阳他有脚啊，轻轻悄悄地挪移了；我也茫茫然跟着旋转。于是——洗手的时候，日子从水盆里过去；吃饭的时候，日子从饭碗里过去；默默时，便从凝然的双眼前过去。我觉察他去的匆匆了，伸出手遮挽时，他又从遮挽着的手边过去，天黑时，我躺在床上，他便伶伶俐俐地从我身上跨过，从我脚边飞去了。等我睁开眼和太阳再见，这算又溜走了一日。我掩着面叹息。但是新来的日子的影儿又开始在叹息里闪过了。
>
> 在逃去如飞的日子里，在千门万户的世界里的我能做些什么呢？只有徘徊罢了，只有匆匆罢了；在八千多日的匆匆里，除徘徊外，又剩些什么呢？过去的日子如轻烟，被微风吹散了，如薄雾，被初阳蒸融了；我留着些什么痕迹呢？我何曾留着像游丝样的痕迹呢？我赤裸裸来到这世界，转眼间也将赤裸裸的回去罢？但不能平的，为什么偏要白白走这一遭啊？
>
> 你聪明的，告诉我，我们的日子为什么一去不复返呢？

(2) 进行字符格式设置。其要求如表6-1所示。

表6-1 字符格式要求

字符内容	字符格式要求
标题“匆匆”	黑体、二号、缩小文字、加圆圈
正文第1段：我们的日子为什么一去不复返呢	倾斜、红色、字符边框、字符缩放比例设置为150%
正文第1段：藏在何处	字体效果(双删除线)
正文第3段：轻轻悄悄地挪移了	华文彩云、字符底纹、下画线(蓝色波浪线)
正文第3段：在叹息里闪过	字体(华文行楷)、三号、字体效果(空心)
正文第4段：游丝	四号、字体效果(下标)
正文第4段：白白走这一遭	字符加着重号、字符间距加宽1.2磅、字符位置提升3磅

(3) 进行段落格式设置。其要求如表6-2所示。

表6-2 段落排版要求

应选择的段落	段落格式化要求
标题	居中对齐，段后12磅
正文第1段	分散对齐

续表

应选择的段落	段落格式化要求
正文第 2 段	左、右缩进约 1 厘米，悬挂缩进 3 个字符
正文第 3 段	行间距设置为 1.75 倍行距
正文第 4 段	段落添加边框：带阴影双实线、蓝色、0.75 磅线宽；段落添加底纹：图案(样式 20%，颜色为黄色)

(4) 使用格式刷复制格式。其要求如表 6－3 所示。

表 6－3 复制格式要求

样板文字或段落	目标文字或段落
正文第 1 段“我们的日子为什么一去不复返呢”	正文第 5 段“我们的日子为什么一去不复返呢”
正文第 3 段段落标记符“↵”	正文第 5 段段落标记符“↵”
正文第 3 段中“轻轻悄悄地挪移了”	正文第 3 段“日子从水盆里过去”及“日子从饭碗里过去”

(5) 使用替换命令替换格式。其要求如表 6－4 所示。

表 6－4 替换格式要求

字符内容	格式要求
全文中所有“日子”	替换格式：华文行楷、蓝色、加粗、空心、阴影

(6) 进行页面格式设置。其要求如表 6－5 所示。

表 6－5 页面格式要求

选择内容	页面格式要求
正文第 1 段中的第 1 个字“燕”	首字下沉两行，字体设置为“隶书”，距正文 0.3 厘米
正文第 3 段	分为等宽的两栏，栏宽 7 厘米，栏间加分隔线
全文	设置页眉“散文欣赏”，右对齐
全文	在页面底端(页脚)以居中对齐方式插入页码，并将初始页码设置为全角字符的“1”。
标题：匆匆	为文字“匆匆”插入尾注：引用标记为“*”，内容为“作者：朱自清(1898—1948)，浙江绍兴人，现代作家。”；将尾注引用标记的格式改为“*”
全文	将文档页面的纸型设置为“A4”，左右边界各为 3 厘米，上边界为 4 厘米，下边界为 5 厘米

三、实验步骤

(1) 输入文字并保存文件。

① 进入“E”盘窗口，在窗口的空白处右击弹出快捷菜单，选择“新建|文件夹”命令，输入文件夹名“Word2”，按[Enter]键。

② 启动 Word 2010，进入 Word 2010 窗口，输入文字内容。

③ 单击【文件】按钮，在下拉菜单中选择“另存为”命令，打开“另存为”对话框，在地址栏下拉列表框中选择或输入“E:\Word2”，输入文件名“W1”，单击【保存】按钮。

（2）进行字符格式设置。

① 选定“匆匆”，单击“开始”选项卡“字体”组中的“字体”下拉按钮 宋体 ，在下拉列表中选择“黑体”；单击“字号”下拉按钮 五号 ，在下拉列表中选择“二号”；单击“带圈字符”按钮㊫，打开“带圈字符”对话框，样式选择“缩小文字”，圈号选择“○”。

② 选定正文第 1 段中的“我们的日子为什么一去不复返呢”，单击“开始”选项卡“字体”组中的“倾斜”按钮 *I*；单击“字体颜色”下拉按钮 A，在下拉列表中选择“红色”；单击“字符边框”按钮 A；在“段落”组中单击“字符缩放”下拉按钮，在下拉列表中选择“字符缩放”，单击“150%”。

③ 选定正文第 1 段中的“藏在何处”，单击“开始”选项卡“字体”组右下角的对话框启动器，弹出“字体”对话框，在“字体”标签“效果”栏选中“双删除线”复选框，单击【确定】按钮。

④ 选定正文第 3 段“轻轻悄悄地挪移了”，单击“开始”选项卡“字体”组右下角的对话框启动器，弹出“字体”对话框，在“字体”标签“中文字体”下拉列表框中选择“华文彩云”；在“下画线线型”下拉列表框中选择波浪线“～～～”，选择“下画线颜色”为“蓝色”，单击【确定】按钮；再单击“字体”组中的“字符底纹”按钮 A。

⑤ 选定正文第 3 段中的“在叹息里闪过”，单击“开始”选项卡“字体”组右下角的对话框启动器，弹出“字体”对话框，在“字体”标签“中文字体”下拉列表框中选择“华文行楷”；选择“字号”为“三号”；在“效果”栏选中“空心”复选框，单击【确定】按钮。

⑥ 选定正文第 4 段中的“游丝”，单击“字体”下拉按钮 宋体 ，在下拉列表中选择“四号”；单击“开始”选项卡“字体”组的“下标”按钮 X_2。

⑦ 选定正文第 4 段中的“白白走这一遭”，单击“开始”选项卡“字体”组右下角的对话框启动器，弹出“字体”对话框，在“字体”标签“着重号”下拉列表框中选择“·”；再单击“高级”标签，在“间距”下拉列表框中选择“加宽”，在旁边的“磅值”数值框中选择或输入“1.2 磅”，在“位置”下拉列表框中选择“提升”，在旁边的“磅值”数值框中选择或输入“3 磅”，单击【确定】按钮。

（3）进行段落格式设置。

注：如果系统自动提供的单位与题目要求不符，不建议直接输入单位，应通过单击【文件】按钮，在下拉菜单中选择“选项”命令，弹出“选项”对话框，然后单击“高级”标签，在“显示”区中进行度量单位的设置。一般情况下，如果“度量单位”选择为“厘米”，而“以字符宽度为度量单位”复选框也被选中的话，默认的缩进单位为“字符”，对应的段落间距和行距单位为“磅”；如果取消选中“以字符宽度为度量单位”复选框，则缩进单位为“厘米”，对应的段落间距和行距单位为“行”。

① 选定标题“匆匆”，单击“开始”选项卡“段落”组的对话框启动器，弹出“段落”对话框，在“对齐方式”下拉列表框中选择“居中”，在“间距”栏的“段后”数值框中选择或输入“12 磅”，单击【确定】按钮。

② 选定正文第 1 段，单击“开始”选项卡“段落”组的对话框启动器，在“段落”对话框“对齐方式”下拉列表框中选择“分散对齐”。

③ 选定正文第 2 段，单击“开始”选项卡“段落”组的对话框启动器，在“段落”对话框“缩进”栏“左”“右”数值框中分别设置“1 厘米”，在“特殊格式”下拉列表框中选择“悬挂缩

进”，并在旁边的“度量值”数值中设置“3 字符”，单击【确定】按钮。

④ 选定正文第 3 段，单击“开始”选项卡“段落”组的对话框启动器，在“段落”对话框“行距”下拉列表框中选择“多倍行距”，在旁边的“设置值”数值框中选择或输入“1.75”，单击【确定】按钮。

⑤ 选定正文第 4 段，单击“开始”选项卡“段落”组的“边框”下拉按钮，在下拉列表中选择“边框和底纹”命令，弹出“边框和底纹”对话框，在“边框”标签的“设置”中选择“阴影”，“线型”中选择“双实线”，“颜色”选择“蓝色”，“宽度”选择“0.75 磅”；再单击“底纹”标签，在“图案”栏的“样式”中选择“ 20% ”，“颜色”选择“黄色”。

(4) 使用格式刷。

① 选定正文第 1 段中的“我们的日子为什么一去不复返呢”，单击“开始”选项卡“剪贴组”中的“格式刷”按钮，然后拖曳经过正文第 5 段中的“我们的日子为什么一去不复返呢”。

② 选定正文第 3 段段落标记符“↵”，单击“开始”选项卡“剪贴组”中的“格式刷”按钮，然后拖曳经过正文第五段段落标记符“↵”。

③ 选定正文第 3 段中的“轻轻悄悄地挪移了”，单击“开始”选项卡“剪贴组”中的“格式刷”按钮，然后拖曳经过正文第 3 段中的“日子从水盆里过去”及“日子从饭碗里过去”。

(5) 使用替换命令替换格式。

单击“开始”选项卡“编辑”组中的“替换”按钮，弹出“查找和替换”对话框，在“替换”标签“查找内容”下拉列表框中输入“日子”，在“替换为”下拉列表框中输入“日子”，单击【更多】按钮，将光标置于“替换为”下拉列表框，再单击【格式】按钮，在弹出的菜单中选择“字体”，弹出“替换字体”对话框，设置“中文字体”为“华文行楷”，“字体颜色”为“蓝色，”“字形”为“加粗”，在“效果”栏中选中“空心”和“阴影”复选框，单击【确定】按钮，单击【全部替换】按钮。

(6) 进行页面格式设置。

① 选定正文第 1 段中的第一个字“燕”，单击“插入”选项卡“文本”组“首字下沉”下拉按钮，在下拉菜单中选择“首字下沉选项”命令，弹出“首字下沉”对话框，在“位置”栏中选择“下沉”，在“选项”栏中的“字体”下拉列表框中选择“隶书”，在“下沉行数”数值框中选择或输入“2”，在“距正文”数值框中选择或输入“0.3 厘米”，单击【确定】按钮。

② 选定正文第 3 段，单击“页面布局”选项卡“页面设置”组中“分栏”下拉按钮，在下拉列表中选择“更多分栏”命令，弹出“分栏”对话框，在“预设”栏中选择“两栏”，在“宽度”数值框中设置“7 厘米”，选择“分隔线”复选框，单击【确定】按钮。

③ 将光标置于文中，单击“插入”选项卡“页眉和页脚”组“设计”标签中的“页眉”下拉按钮，在展开的页眉库中选择“空白”样式，在页眉编辑区键入文字“散文欣赏”，并单击“开始”选项卡“段落”组中的“右对齐“按钮。

④ 将光标置于文中，单击“插入”选项卡“页眉和页脚”组中的“页码”下拉按钮，在下拉列表中选择“页面底端”，单击“简单”区中的“普通数字 2”样式；在“页眉和页脚工具”选项卡“设计”标签“页眉和页脚”组中单击“页码”下拉按钮，在下拉列表中选择“设置页码格式”命令，弹出“页码格式”对话框，在“编号格式”中选择“全角…”，在“起始页码”数值框中选择或输入“1”，单击【确定】按钮；在“关闭”组中单击“关闭页眉和页脚”按钮。

⑤ 选定标题“匆匆”，单击“引用”选项卡“脚注”组中的对话框启动器，弹出“脚注和尾

注”对话框，选中“尾注”单选按钮，再单击“自定义标记”旁边的【符号】按钮，弹出“符号”对话框，选中符号“＊”，单击【确定】按钮，返回“脚注和尾注”对话框，单击【插入】按钮，在尾注输入区中输入“作者：朱自清(1898—1948)，浙江绍兴人，现代作家。”。

⑥ 将光标置于文中，单击“页面布局”选项卡“页面设置”组中的对话框启动器，弹出“页面设置”对话框，在“页边距”标签“左”“右”数值框中分别选择或输入“3 厘米”，“上”数值框中选择或输入“4 厘米”，“下”数值框中选择或输入“5 厘米”。再单击“纸张”标签，在“纸张大小”下拉列表框中选择“A4”，单击【确定】按钮，保存文档。

四、思考与练习

1. 操作要求如下：

(1) 建立一个空白文档，输入下面文字，并以“W2.docx”为文件名保存在“E:\Word2”下。

春

盼望着，盼望着，东风来了，春天的脚步近了。

一切都像刚睡醒的样子，欣欣然张开了眼。山朗润起来了，水长起来了，太阳的脸红起来了。

小草偷偷地从土里钻出来，嫩嫩的，绿绿的。园子里，田野里，瞧去，一大片一大片满是的。坐着，躺着，打两个滚，踢几脚球，赛几趟跑，捉几回迷藏。风轻悄悄的，草绵软软的。

桃树、杏树、梨树，你不让我，我不让你，都开满了花赶趟儿。红的像火，粉的像霞，白的像雪。花里带着甜味，闭了眼，树上仿佛已经满是桃儿、杏儿、梨儿！花下成千成百的蜜蜂嗡嗡地闹着，大小的蝴蝶飞来飞去。野花遍地是：杂样儿，有名字的，没名字的，散在草丛里，像眼睛，像星星，还眨呀眨的。

“吹面不寒杨柳风”，不错的，像母亲的手抚摸着你。风里带来些新翻的泥土的气息，混着青草味，还有各种花的香，都在微微润湿的空气里酝酿。鸟儿将窠巢安在繁花嫩叶当中，高兴起来了，呼朋引伴地卖弄清脆的喉咙，唱出宛转的曲子，与轻风流水应和着。牛背上牧童的短笛，这时候也成天在嘹亮地响。

雨是最寻常的，一下就是三两天。可别恼，看，像牛毛，像花针，像细丝，密密地斜织着，人家屋顶上全笼着一层薄烟。树叶子却绿得发亮，小草也青得逼你的眼。傍晚时候，上灯了，一点点黄晕的光，烘托出一片安静而和平的夜。乡下去，小路上，石桥边，撑起伞慢慢走着的人；还有地里工作的农夫，披着蓑，戴着笠的。他们的草屋，稀稀疏疏的在雨里静默着。

天上风筝渐渐多了，地上孩子也多了。城里乡下，家家户户，老老小小，他们也赶趟儿似的，一个个都出来了。舒活舒活筋骨，抖擞抖擞精神，各做各的一份事去。“一年之计在于春”，刚起头儿，有的是工夫，有的是希望。

春天像刚落地的娃娃，从头到脚都是新的，它生长着。

春天像小姑娘，花枝招展的，笑着，走着。

春天像健壮的青年，有铁一般的胳膊和腰脚，他领着我们上前去。

(2) 打开“W2.docx”，将标题“春”设置为小二、蓝色、空心、楷体_GB2312、加粗、居中、加菱形圈号，并添加文字黄色底纹、文字青绿色阴影边框，框线粗 1.5 磅。将正文各段的段后间距设置为 8 磅。

(3) 将正文第 1 段中的“盼望着……脚步近了”文字的字符间距设置为加宽 3 磅、段前间距设置为 18 磅、首字下沉，下沉行数为 2，距正文 0.2 厘米。

(4) 正文第 2 段改为繁体字，在正文第 2 段、第 3 段前加项目符号“◆”。

(5) 将正文第4段中的“桃树……还眨呀眨的”左右各缩进1厘米，首行缩进0.9厘米，行距为18磅。

(6) 将正文第5段设置段落蓝色边框、段落绿色底纹。并分为等宽三栏，栏宽为3.45厘米，栏间加分隔线。

(7) 将正文第6段左右各缩进2厘米，悬挂缩进1.2厘米，左对齐。

(8) 查找文中“春天”的个数，将正文中的第一个“春天”设置为小四、绿色、阳文、加粗、添加文字黄色底纹，利用格式刷复制该格式到正文中所有的“春天”中。

(9) 利用替换功能，将正文中所有的“花”设置为华文行楷、小三、倾斜、红色。

(10) 将文档页面的纸型设置为“A4”、左右页边距各为2厘米、上下页边距各为2.5厘米。

(11) 在文档的页面底端以居中对齐方式插入页码，并将初始页码设置为全角字符的1。

(12) 设置自己喜欢的页眉样式，添加页眉内容“朱自清名作欣赏”，对齐方式为左对齐。

(13) 为标题“春”插入尾注内容“现代作家朱自清作品”。尾注引用标记格式为“♣”。

(14) 将文档“打印预览”后以文件名“W3.docx”另存在“E:\Word2”下。

文章排版后效果如图6-2所示。

朱自清名作欣赏

盼望着，盼望着，东风来了，春天的脚步近了。

◆ 一切都像剛睡醒的樣子，欣欣然張開了眼。山朗潤起來了，水長起來了，太陽的臉紅起來了。

◆ 小草偷偷地从土里钻出来，嫩嫩的，绿绿的。园子里，田野里，瞧去，一大片一大片满是的。坐着，躺着，打两个滚，踢几脚球，赛几趟跑，捉几回迷藏。风轻悄悄的，草绵软软的。

桃树、杏树、梨树，你不让我，我不让你，都开满了花赶趟儿。红的像火，粉的像霞，白的像雪。花里带着甜味，闭了眼，树上仿佛已经满是桃儿、杏儿、梨儿！花下成千成百的蜜蜂嗡嗡地闹着，大小的蝴蝶飞来飞去。野花遍地是：杂样儿，有名字的，没名字的，散在草丛里，像眼睛，像星星，还眨呀眨的。

“吹面不寒杨柳风”，不错的，像母亲的手抚摸着你。风里带来些新翻的泥土的气息，混着青草味，还有各种花的香，都

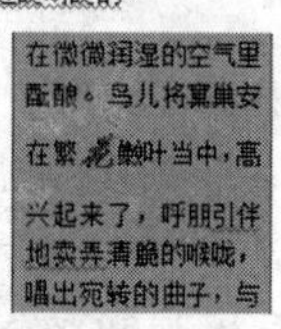

在微微润湿的空气里酝酿。鸟儿将窠巢安在繁花嫩叶当中，高兴起来了，呼朋引伴地卖弄清脆的喉咙，唱出宛转的曲子，与

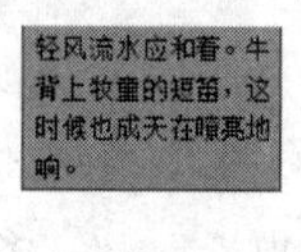

轻风流水应和着。牛背上牧童的短笛，这时候也成天在嘹亮地响。

雨是最寻常的，一下就是三两天。可别恼，看，像牛毛，像花针，像细丝，密密地斜织着，人家屋顶上全笼着一层薄烟。树叶子却绿得发亮，小草也青得逼你的眼。傍晚时候，上灯了，一点点黄晕的光，烘托出一片安静而和平的夜。乡下去，小路上，石桥边，撑起伞慢慢走着的人；还有地里工作的农夫，披着蓑，戴着笠的。他们的草屋，稀稀疏疏的在雨里静默着。

天上风筝渐渐多了，地上孩子也多了。城里乡下，家家户户，老老小小，他们也赶趟儿似的，一个个都出来了。舒活舒活筋骨，抖擞抖擞精神，各做各的一份事去。“一年之计在于春”；刚起头儿，有的是工夫，有的是希望。

春天像刚落地的娃娃，从头到脚都是新的，它生长着。

春天像小姑娘，花枝招展的，笑着，走着。

春天像健壮的青年，有铁一般的胳膊和腰脚，他领着我们上前去。

♣ 现代作家朱自清作品

1

图6-2 《春》排版效果

2. 将前面设计性实验中输入和编辑好的自己喜欢的文字根据个人爱好进行个性化排版，尽量用到学过的文档排版知识。

实验 7　Microsoft Word 2010 制作表格和插入对象

一、实验目的

1. 熟练掌握 Word 2010 中表格的建立及内容的输入。
2. 熟练掌握 Word 2010 中表格的编辑。
3. 掌握 Word 2010 中表格计算和排序。
4. 熟练掌握 Word 2010 中表格的格式化。
5. 熟练掌握 Word 2010 中图片插入、编辑和格式化的方法。
6. 掌握 Word 2010 中绘制图形的方法。
7. 掌握 Word 2010 中文本框的使用。
8. 掌握 Word 2010 中艺术字体的使用。
9. 掌握 Word 2010 中输入公式的方法。
10. 掌握 Word 2010 中图片和文字混合排版的方法。

二、实验内容

1. 制作课程表。
2. 制作统计表。
3. 制作手抄报。

三、实验步骤

1. 制作课程表

效果如图 7－1 所示。

课程表

星期／节次		星期一	星期二	星期三	星期四	星期五
上午	1~2					
	3~4					
下午	5~6					
	7~8					
	9~10					

图 7－1　课程表

要求如下：

(1) 插入表格，调整表格的大小。

(2) 设置表格的行高和列宽。

(3) 合并与拆分单元格，实现不规则单元格的设置。

(4) 设置斜线表头。在表格中输入文字，并使文字相对单元格居中对齐。

(5) 为表格设置不同线型、颜色的边框，为单元格添加底纹。

(6) 文件保存在 E 盘下的“Word3”文件夹中，命名为“W1. docx”，

具体的操作步骤如下：

(1) 进入“E”盘窗口，在窗口的空白处右击，选择“新建|文件夹”命令，输入文件夹名

“Word3”,按[Enter]键。

(2) 启动 Word 2010,进入 Word 2010 窗口。

(3) 在第 1 行输入“课程表”,利用“开始”选项卡“字体”组中的相应按钮设置字体为“隶书”,字号为“小二”,单击“居中”按钮☰。

(4) 光标移到第 2 行,单击“插入”选项卡“表格”组中的“表格”下拉按钮▦,在下拉列表中选择“插入表格”命令,弹出“插入表格”对话框,在“列数”数值框中选择或输入“6”,“行数”数值框中选择或输入“8”,单击【确定】按钮。把鼠标放到表格中,拖动右下角的小方格□调整表格大小。

(5) 选定表格,在“表格工具”选项卡“布局”标签“单元格大小”组“高度”数值框中选择或输入“1.5 厘米”,在“宽度”数值框中选择或输入“2 厘米”。

(6) 选定第 1 列的第 2~5 行,右击,在弹出的快捷菜单中选择“合并单元格”命令。选定修改后表格的第 1 列的第 3~5 行,右击,在弹出的快捷菜单中选择“合并单元格”命令。选定第 1 列第 2 行,右击,在弹出的快捷菜单中选择“拆分单元格”命令,弹出“拆分单元格”对话框,在“列数”数值框中选择或输入“2”,“行数”数值框中选择或输入“1”,单击【确定】按钮。同样,选定第 1 列第 3 行,将其拆分为 1 行 2 列。选中拆分后的表格的第 2 行第 2 列,右击,在弹出的快捷菜单中选择“拆分单元格”命令,在“拆分单元格”对话框“列数”数值框中选择或输入“1”,“行数”数值框中选择或输入“2”,单击【确定】按钮。同样,选中第 3 行第 2 列,将其拆分为 3 行 1 列。

(7) 选中第 1 个单元格,单击“插入”选项卡“插图”组中的“形状”下拉按钮,在下拉列表“线条”区单击直线图标 ＼,在第一个单元格左上角顶点按住鼠标左键拖动至右下角顶点,绘制出表头斜线;此时,出现“绘图工具”选项卡,在其“格式”标签“插入形状”组中单击“文本框”按钮,在单元格的适当位置绘制一个文本框,输入“星”字,然后选中文本框右击,在弹出的快捷菜单中选择“设置文本框格式”命令,弹出“设置文本框格式”对话框,在“颜色与线条”标签中设置“填充颜色”和“线条颜色”都是“无颜色”。同样的方法制作出斜线表头中的“期”“节”“次”等字。在表格其他单元格中输入相应内容,然后选定整个表格中的文字,右击,在弹出的快捷菜单中选择“单元格对齐方式”命令,单击“水平居中”按钮。

(8) 在“表格工具”选项卡“设计”标签“绘图边框”组中单击“绘制表格”按钮,单击“笔样式”下拉按钮,在下拉列表中选择实线“————”,再单击“笔画粗细”下拉按钮 0.5 磅,在下拉列表中选择“2.25 磅”,单击“笔颜色”下拉按钮,在下拉列表中选择“蓝色”,重画表格的外框线。同样,单击“笔样式”下拉按钮,在下拉列表中选择双线“═══”,再单击“笔画粗细”下拉按钮 0.5 磅,在下拉列表中选择“1.5 磅”,单击“笔颜色”下拉按钮,在下拉列表中选择“红色”,重画“上午”和“下午”之间的分隔线。选定“星期一”至“星期五”所在的单元格,单击“底纹”下拉按钮,在下拉列表中选择“黄色”,选定“1~2”至“9~10”所在的单元格,单击“底纹”下拉按钮,在下拉列表中选择“紫色”。

(9) 单击【文件】按钮,在下拉菜单中选择“保存”命令,打开“另存为”对话框,在地址栏选择或输入“E:\Word3”,文件名输入“W1”,单击【保存】按钮。

2. 制作统计表

要求如下:

(1) 利用制表位功能,制作如图 7-2 所示的“乐器销售统计表”。文件命名为

“W2.docx”，保存在“E:\Word3”下。其中第1列左对齐、第2列右对齐、第3列小数点对齐。

(2) 将“W2.docx”中的文本转换成6行4列的表格，并以文件名“W3.docx”保存在相同路径下。

(3) 将“W3.docx”中的表格转换成文本，并用逗号作为文本之间的分隔符，以文件名“W4.docx”保存在相同路径下。

(4) 打开文件“W3.docx”，按以下要求进行修改，结果如图7-3所示。

乐器名称	数量	单价（元）
电子琴	100	1898.9
手风琴	75	890.30
萨克斯管	35	1100.00
钢琴	5	12000.9
小提琴	15	898.95

图7-2 乐器销售统计表

乐器销售情况表

乐器名称	数量	单价（元）	金额（元）
电子琴	100	1898.9	189890.00
手风琴	75	890.30	67662.80
萨克斯管	35	1100.00	60004.50
钢琴	5	12000.9	38500.00
小提琴	15	898.95	13484.25

图7-3 乐器销售情况表

① 将表格第4列(空白列)删除。

② 在表格最右边插入一空列，输入列标题“金额(元)”，在“金额(元)”列中的相应单元格中，按公式(金额=单价*数量)计算并填入左侧乐器的合计金额，要求保留2位小数。按“金额(元)”降序排列表格内容。

③ 表格自动套用格式为“中等深浅网格1—强调文字颜色1”，并将表格居中。

④ 在表格顶端添加表标题“乐器销售情况表”，将标题设置为四号、黑体、加粗、居中。以原文件名保存文档。

具体的操作步骤如下：

(1) 启动Word 2010，进入Word 2010窗口。

(2) 单击“开始”选项卡“段落”组右下角的对话框启动器，弹出“段落”对话框，在“缩进和间距”标签中单击【制表位】按钮，弹出“制表位”对话框，在“制表位位置”文本框中输入“2字符”，在“对齐方式”栏中选中“左对齐”单选按钮，在“前导符”栏中选中“无”单选按钮，单击【设置】按钮；在“制表位位置”文本框中输入“8字符”，选择“对齐方式”为“右对齐”，选择“前导符”为“无”，单击“设置”按钮；在“制表位位置”文本框中输入“14字符”，选择“对齐方式”为“小数点对齐”，选择“前导符”为“无”，单击“设置”按钮，单击【确定】按钮。

(3) 选中表格左上角第1个单元格，输入“乐器名称”，按[Tab]键，输入“数量”，按[Tab]键，输入“单价(元)”，按[Enter]键，结束第一行的输入，光标移到下一行，继续完成其他行的输入。

(4) 单击【文件】按钮，在下拉菜单中选择“另存为”命令，弹出“另存为”对话框，在地址栏选择或输入“E:\Word3”，文件名输入“W2”，单击【保存】按钮。

(5) 选定文字内容，单击“插入”选项卡“表格”组中的“表格”下拉按钮，在下拉列表中选择“文本转换成表格”命令，弹出“将文字转换成表格”对话框，选择“列数”为“4”，选择“行数”为“6”，单击【确定】按钮。

(6) 单击【文件】按钮，在下拉菜单中选择“另存为”命令，弹出“另存为”对话框，在地址栏选择或输入“E:\Word3”，文件名输入“W3”，单击【保存】按钮。

(7) 选定表格，单击“表格工具”选项卡中的“布局”标签，再单击“数据”组中的“转换为文本”按钮，弹出“表格转换成文本”对话框，在“文件分隔符”栏中选中“逗号”单选按钮，单击【确定】按钮。

(8) 单击【文件】按钮，在下拉菜单中选择“另存为”命令，弹出“另存为”对话框，在地址栏选择或输入“E:\Word3”，文件名输入“W4”，单击【保存】按钮。单击【文件】按钮，在下拉菜单中选择“关闭”命令关闭该文档。

(9) 打开文档“W3.docx”。选定第 4 列，右击，在弹出的快捷菜单中选择“删除列”命令；选定第 3 列，单击“表格工具”选项卡“布局”标签“行和列”组中的“在右侧插入”按钮，在右边插入空列；选中该列的第 1 个单元格，输入“金额(元)”。

(10) 单击该列第 2 个单元格，单击“表格工具”选项卡“布局”标签“数据”组中的“公式”按钮，打开“公式”对话框，在“公式”文本框中输入“=B2 * C2”，在“数字格式”下拉列表框中选择“0.00”，单击【确定】按钮，再依次单击该列的第 3～6 个单元格，用同样的方法计算出金额，注意在“公式”文本框中输入的依次是“=B3 * C3”“=B4 * C4”“=B5 * C5”“=B6 * C6”。选中“金额(元)”列，单击“数据”组中的“排序”按钮，弹出“排序”对话框，在“主要关键字”栏中选中“降序”单选按钮，单击【确定】按钮。

(11) 在“表格工具”选项卡中单击“设计”标签，在“表格样式”组样式库中选择“中等深浅网格 1—强调文字颜色 1”；单击“开始”选项卡“段落”组中的“居中”按钮使表格居中；选定表格，执行剪切操作，接着按[Enter]键产生一个空行，此时光标自动移到第 2 行，在此处粘贴表格后，再将光标移到第 1 行输入标题“乐器销售情况表”；单击“字体”组中的“字体”下拉按钮宋体，在下拉列表中选择“黑体”；单击“字号”下拉按钮五号，在下拉列表中选择“四号”，单击“加粗”按钮 **B**，单击“段落”组中的“居中”按钮。将修改后内容保存。

3. 制作手抄报

手抄报的效果如图 7-4 所示。

要求如下：

(1) 文件保存在“E:\Word3”下，文件命名为“W5.docx”。

(2) 将“图形的魅力”设置为艺术字。艺术字样式选择“填充—红色，强调文字颜色 2，暖色粗糙棱台”；艺术字文本效果选择“阴影—透视—右上对角透视”，“发光—发光变体—红色，11pt 发光，强调文字颜色 2”，“转换—弯曲—波形 1”。适当调整艺术字的大小和位置。

(3) 插入第一张图片“荷塘”(可以是其他与荷塘有关的图片)并进行适当调整，如增加对比度、降低亮度等，环绕方式设置为“嵌入型”。

(4) 绘制自选图形“新月形”和“十字星”。对已绘制的“新月形”图形进行如下修改：改变图形大小、修改图形的形状、调整图形的角度、设置图形的填充色为“黄色”。将已绘制的“十字星”图形复制两个。将星星月亮图形组合成一个整体，调整这个组合对象的大小，并将其移动到图片“荷塘”之上。

漂亮的公式

$p(a \leqslant x \leqslant b) = \sqrt[3]{(x^2+2x+10)}, e^x = 1 + x + \frac{x^2}{2!} + \frac{x^3}{3!} + \cdots\cdots + \frac{x^n}{n!}$

漂亮的图片

漂亮的流程图

漂亮的文章

忽然想起采莲的事情来了。采莲是江南的旧俗，似乎很早就有，而六朝时为盛；从诗歌里可以约略知道。采莲的是少年的女子，她们是荡着小船，唱着艳歌去的。采莲人不用说很多，还有看采莲的人。那是一个热闹的季节，也是一个风流的季节。梁元帝《采莲赋》里说得好：

于是妖童媛女，荡舟心许；鹢首徐回，兼传羽杯；欋将移而藻挂，船欲动而萍开。尔其纤腰束素，迁延顾步；夏始春余，叶嫩花初，恐沾裳而浅笑，畏倾船而敛裾。

可见当时嬉游的光景了。这真是有趣的事，可惜我们现在早已无福消受了。于是又记起《西洲曲》里的句子：

采莲南塘秋，莲花过人头；低头弄莲子，莲子清如水。

今晚若有采莲人，这儿的莲花也算得"过人头"了；只不见一些流水的影子，是不行的。这令我到底惦着江南了。——这样想着，猛一抬头，不觉已是自己的门前；轻轻地推门进去，什么声息也没有，妻已睡熟好久了。

图 7－4　手抄报——"图形的魅力"

（5）把第 2 张图片"采莲"（可以是其他与荷花有关的图片）调整到适当大小，将图片设置为"水印"效果，环绕方式设置为"衬于文字下方"。

（6）为"采莲南塘秋，莲花过人头；低头弄莲子，莲子清如水。"添加文本框。文本框设置填充色为预设颜色"雨后初晴"，类型为"射线"，方向为"中心辐射"。边框线为紫色圆点虚线，线型为"1.5 磅"实线。

具体的操作步骤如下：

（1）启动 Word 2010，进入 Word 2010 窗口。

（2）插入艺术字"图形的魅力"。单击"插入"选项卡"文本"组中的"艺术字"按钮，在展开的艺术字样式库中选择"填充—红色，强调文字颜色 2，暖色粗糙棱台"，输入文字"图形的魅力"；单击"绘图工具"选项卡的"格式"标签，在"艺术字样式"组中单击"文字效果"图标，在下拉列表中选择"阴影"，在"透视"区单击按钮"右上对角透视"；在"艺术字样式"组中单击"文字效果"图标，在下拉列表中选择"发光"，在"发光变体"区单击按钮"红色，11pt 发光，强调文字颜色 2"；继续在"艺术字样式"组中单击"文字效果"按钮，在下拉列表中选择"转换"命令，在"弯曲"区单击按钮"波形 1"。选中"图形的魅力"艺术字，拖动四周的尺寸句柄，适当调整大小，并移动到合适位置。

(3) 输入文字“漂亮的公式”，利用“开始”选项卡“字体”组中的相应按钮设置字体为“华文行楷”，字号为“小四”。

(4) 插入公式。单击“插入”选项卡“符号”组中的“公式”下拉按钮 f_x，在下拉列表中单击“插入新公式”命令。

利用“公式工具”选项卡在公式编辑区内输入

“$p(a \leqslant x \leqslant b) = \sqrt[3]{(x^2+2x+10)}, e^x = 1 + x + \frac{x^2}{2!} + \frac{x^3}{3!} + \cdots\cdots + \frac{x^n}{n!}$”。

输完后鼠标在公式编辑区外空白处单击，结束输入。单击公式，拖动尺寸句柄，适当调整大小，并移动到合适位置。

(5) 输入“漂亮的图片”，利用“开始”选项卡“字体”组中的相应按钮设置字体为“华文行楷”，字号为“小四”，单击“段落”组中的“文本右对齐”按钮。

(6) 插入图片。单击“插入”选项卡“插图”组中的“图片”按钮，弹出“插入图片”对话框，选择准备好的“荷塘.jpg”文件插入。选中图片，拖动尺寸句柄，适当调整大小，并移动到合适位置。单击“图片工具”选项卡中的“格式”标签，在“调整”组中通过相关按钮选择合适的效果；接着在“排列”组中单击“自动换行”下拉按钮，选中“嵌入”型。

(7) 绘制图形。单击“插入”选项卡“插图”组中的“形状”下拉按钮，在形状库中“基本形状”区选择“新月形”，在合适的地方画好，并拖动尺寸句柄适当改变大小和形状。移动鼠标指针到图片上方的绿色圆点，鼠标指针变成圆圈状，拖动鼠标使图形旋转到合适位置。在“形状样式”组中单击“形状填充”下拉按钮 形状填充▾，在下拉列表“标准色”区中选择“黄色”。用同样的方法画好星星，并复制两个，分别修改每个图形的形状、调整图形的角度、设置图形的填充色、将图形移动到合适的位置。按住[Shift]键，依次单击月亮和每个星星，再在图形中右击，在弹出的快捷菜单中选择“组合|组合”命令，并调整这个组合对象的大小，将其移动到图片“荷塘”之上。

(8) 输入“漂亮的流程图”，利用“开始”选项卡“字体”组中的相应按钮设置字体为“华文行楷”，字号为“小四”，单击“段落”组中的“文本左对齐”按钮。

(9) 绘制流程图。单击“插入”选项卡“插图”组中的“形状”下拉按钮，在形状库中选择“流程图”中的相应图形，画在合适的地方。单击“绘图工具”选项卡“格式”标签“形状样式”组形状库中的样式“彩色轮廓—黑色，深色 1”，再单击该组“形状轮廓”下拉按钮 形状轮廓▾，在下拉列表中选择“粗细”命令，单击线条“1 磅”；在图形中右击，在弹出的快捷菜单中选择“添加文字”命令，输入文字；单击“线条”区的“单向箭头”按钮↘，画出向右的箭头。重复以上操作，继续插入其他形状直至完成。

(10) 输入文字“漂亮的文章”，利用“开始”选项卡“字体”组中的相应按钮设置字体为“华文行楷”，字号为“小四”，单击“段落”组中的“文本右对齐”按钮。

(11) 输入文字“忽然想起采莲的事情来了……妻已睡熟好久了。”

(12) 设置图片水印效果。单击“插入”选项卡“插图”组中的“图片”按钮，弹出“插入图片”对话框，选择准备好的“采莲”图片(可以是其他与莲花有关的图片)插入，拖动尺寸句柄到合适大小。单击“图片工具”选项卡“格式”标签“调整”组中的“重新着色”下拉按钮 重新着色▾，在下拉列表“重新着色”区中选择“冲蚀”命令。在“排列”组中单击“自动换行”下拉按钮，在下拉列表中选择“衬于文字下方”。

(13) 插入文本框。单击“插入”选项卡“插图”组中的“形状”下拉按钮，在展开的形状库中“基本形状”区选择“文本框”，画在合适的位置上，选中文字“采莲南塘秋，莲花过人头；低头弄莲子，莲子清如水。”，按[Ctrl]+[X]组合键，再单击文本框，按[Ctrl]+[V]组合键，将文字放入文本框。选中文本框，右击，在弹出的快捷菜单中选择“设置形状格式”命令，弹出“设置形状格式”对话框，在“填充”标签填充栏中选中“渐变填充”单选按钮，单击“预设颜色”下拉按钮，在下拉列表中选择“雨后初晴”，单击“类型”下拉按钮，在下拉列表中选择“射线”，单击“方向”按钮，在下拉列表中选择“中心辐射”；单击“线条颜色”标签，单击“颜色”下拉按钮，选择“紫色”；单击“线型”标签，在“宽度”数值框选择或输入“1.5 磅”，在“短画线类型”中选择“圆点”。单击“关闭”按钮。

(14) 单击【文件】按钮，在下拉菜单中选择“另存为”命令，弹出“另存为”对话框，在地址栏选择或输入“E:\Word3”，文件名输入“W5”，单击【保存】按钮。

四、思考与练习

1. 建立如表 7-1 所示的表格，以文件名“W6.docx”保存在“E:\Word3”下，并进行以下操作：

表 7-1 X 集团销售统计表

	一季度	二季度	三季度	四季度
福星店	2 824	2 239	2 569	3 890
西湖店	2 589	3 089	4 120	4 500
盐城店	1 389	2 209	2 556	3 902
南山店	1 120	2 498	3 001	3 450

(1) 在表格底部添加一空行，在该行第一个单元格内输入行标题“平均值”，在该行其余单元格中计算并填入相应列中数据的平均值，平均值保留一位小数。

(2) 在表格最右边添加一列，列标题为“全年”，计算各店全年的总和，按“全年”列降序排列表格内容。

(3) 表格中第 1 行和第 1 列内容水平方向居中对齐，其他单元格内容水平方向两端对齐，垂直方向底端对齐。

(4) 表格自动套用格式为“流行型”，并将表格居中。

(5) 在表格顶端添加标题“X 集团销售统计表”，并设置为小二号、隶书、加粗，居中。以原文件名保存文档。

结果如图 7-5 所示。

X集团销售统计表

	一季度	二季度	三季度	四季度	全年
西湖店	2 589	3 089	4 120	4 500	14 298
福星店	2 824	2 239	2 569	3 890	11 522
南山店	1 120	2 498	3 001	3 450	10 069
盐城店	1 389	2 209	2 556	3 902	10 056
平均值	1 980.5	2 508.8	3 061.5	3 935.5	

图 7-5 表格计算和格式化效果

2. 打开实验 6 的思考与练习中保存在“E:\Word2”下的“W2.docx”文件，将前 5 段正文复制到一个新的 Word 2010 文档中，各段之间空一行，并以“W7.docx”为文件名保存在

“E:\Word3”下，然后进行如下操作。

（1）在第 1 段前插入艺术字“美丽的春天”，样式为“填充—橄榄色，强调文字颜色 3，粉状棱台”，文本效果为“发光—发光变体—红色，11pt 发光，强调文字颜色 2”，“转换—弯曲—波形 2”，如图 7-6 所示。

盼望着，盼望着，东风来了，春天的脚步近了。

一切都像刚睡醒的样子，欣欣然张开了眼。山朗润起来了，水长起来了，太阳的脸红起来了。

小草偷偷地从土里钻出来，嫩嫩的，绿绿的。园子里，田野里，瞧去，一大片一大片满是的。坐着，躺着，打两个滚，踢几脚球，赛几趟跑，捉几回迷藏。风轻悄悄的，草绵软软的。

桃树、杏树、梨树，你不让我，我不让你，都开满了花赶趟儿。红的像火，粉的像霞，白的像雪。花里带着甜味，闭了眼，树上仿佛已经满是桃儿、杏儿、梨儿！花下成千成百的蜜蜂嗡嗡地闹着，大小的蝴蝶飞来飞去。野花遍地是：杂样儿，有名字的，没名字的，散在草丛里，像眼睛，像星星，还眨呀眨的。

吹面不寒杨柳风

不错的，风里带来些新翻的泥土的气息，混着青草味，还有各种花的香，都在微微润湿的空气里酝酿。鸟儿将窠巢安在繁花嫩叶当中，高兴起来了，呼朋引伴地卖弄清脆的喉咙，唱出宛转的曲子，与轻风流水应和着。牛背上牧童的短笛，这时候也成天在嘹亮地响。

开始 → 输入密码 → 正确？ Yes / No

$$F(y)=\int_y^{y^2} e^{-x^2 y}dx+\prod_{y=1}^{100} y^2+\sqrt[3]{\frac{y+1}{y-1}+1}$$

图 7-6　图形处理样张

（2）插入“蝴蝶”剪贴画，如图 7-6 所示，缩小到 20%，环绕方式为“紧密型环绕”；插入“花朵”剪贴画，图片的高度和宽度均设置为“3 厘米”，环绕方式为“衬于文字下方”，并作为水印放在如图 7-6 所示的位置（“蝴蝶”和“花朵”剪贴画来自于 Office 网上剪辑，可以通过“剪贴画”任务窗格搜索，此时计算机应联网操作）。

（3）插入竖排文本框，样式为“细微效果—红色，强调颜色 2”，形状效果为“阴影—透视—左上对角透视”。

（4）利用自选图形绘制如图 7-6 所示的流程图，组合并设置填充色为“浅蓝”。

（5）在文末输入公式

$$“F(y)=\int_y^{y^2} e^{-x^2 y}dx+\prod_{y=1}^{100} y^2+\sqrt[3]{\frac{y+1}{y-1}+1}”。$$

并设置填充色为“浅绿”。

（6）将文档以原文件名保存。

3. 制作一个手抄报，主题为“怀念鲁迅”。可根据自己的喜好在网络上搜集相关素材，样张如图 7-7 所示。

图 7－7　手抄报样张

4. 做一个自我介绍的 Word 2010 文档，要求图文并茂、兼具表格。图形可以是自己的自画像或数码相片，自我介绍包括姓名、性别、年龄、星座、专业、籍贯、爱好、最喜欢的事情、格言等，表格是自己的个人简历，其格式可以参考图 7－8 所示。

<table>
<tr><th colspan="5">个　人　简　历</th></tr>
<tr><td>姓名</td><td>性别</td><td>出生年月</td><td>民族</td><td rowspan="4"></td></tr>
<tr><td>陈实</td><td>男</td><td>1988 年 8 月</td><td>汉</td></tr>
<tr><td>籍贯</td><td>身高</td><td>体重</td><td>身体状况</td></tr>
<tr><td>滨城</td><td>175cm</td><td>60kg</td><td>健康</td></tr>
<tr><td colspan="5"><u>个人成长经历:</u>
　　在滨城重点小学担任少先队大队长，曾获市“创新杯”作文大赛二等奖。
　　在初中阶段，多次荣获校三好学生、市三好学生荣誉称号，并获市中学英语竞赛二等奖。
　　在高中阶段各门课程成绩均达到优良，担任学校宣传部长，参加一些校园知识竞赛并获奖，参与组织全校的演讲大赛、作文大赛和其他一些校园内的竞赛。</td></tr>
<tr><td colspan="5"><u>自我鉴定:</u>
　　政治思想上：热爱祖国，热爱人民，拥护中国共产党的领导；
　　学习上：勤学好问，努力钻研，虚心向上；工作中，吃苦耐劳，认真踏实，一丝不苟，追求上进，集体荣誉感强，富有团队精神；
　　生活中：尊老爱幼，严于律己，艰苦朴素，乐于助人。
　　个人理想：从小事做起，一步一个脚印，坚定不移向前进。</td></tr>
<tr><td colspan="5"><u>业余爱好:</u>
　　阅读、演讲、唱歌等。</td></tr>
</table>

图 7－8　个人简历

实验8 Microsoft Excel 2010 工作表操作与图表制作

一、实验目的

1. 熟练掌握 Microsoft Excel 2010(简称 Excel 2010)中数据的输入。
2. 熟练掌握 Excel 2010 中应用公式和函数的方法。
3. 熟练掌握 Excel 2010 中编辑和格式化操作。
4. 熟练掌握 Excel 2010 中图表的创建、编辑和格式化。

二、实验内容

处理学生成绩表(一)。要求如下:

(1) 建立如图 8-1 所示的成绩表。然后将“彭佩”的英语成绩改为 86 分,在“史匀”上一行添加“郑凯”的成绩记录“郑凯、电子系、男、54、68、70”。

	A	B	C	D	E	F
1	学生成绩表					
2	姓名	单位	性别	数学	英语	计算机
3	刘铁	电子系	男	70	53	66
4	孙刚	管理系	男	80	88	83
5	陈凤	经济系	女	86	77	92
6	沈阳	电子系	男	90	71	86
7	秦强	电子系	男	92	78	85
8	陆斌	管理系	男	79	70	90
9	邹蕾	经济系	女	65	46	72
10	彭佩	经济系	女	77	68	86
11	史匀	经济系	男	94	83	90

图 8-1 学生成绩表

(2) 在表格最右边增加一列“总分”,在表格最下边增加一行“各科平均分”,并将结果计算出来。

(3) 表格格式化。将 A1 到 G1 单元格合并为一个;标题文字格式为黑体、18 号、加粗,在单元格中水平和垂直方向均为居中显示;给工作表加边框线,外框为粗线,内框为细线;“姓名”所在行添加底纹,底纹为“浅绿”;对不及格的成绩设置格式,字体为“红色、加粗倾斜”,单元格底纹为“浅绿”。

(4) 根据各科成绩和姓名产生一个柱形图,图表标题为“学生成绩表”;横坐标标题为“姓名”;纵坐标标题为“分数”。嵌入到成绩表中。

(5) 将文件保存在 E 盘下的“Excel1”文件夹中,文件命名为“E1”。

三、实验步骤

(1) 进入 E 盘窗口,在窗口的空白处右击,选择“新建|文件夹”命令,输入文件夹名“Excel1”,按[Enter]键。

(2) 启动 Excel 2010,进入 Excel 窗口。

(3) 双击单元格，输入成绩表内容。其中“单位”列数据中有许多重复数据，这些数据可以通过 Excel 2010 提供的快速输入法来输入，即输入完第一个数据后，根据系统的提示按[Enter]键完成其他字符的输入。

(4) 双击 E10 单元格，将成绩由“68”改为“86”。将光标停留在“史匀”单元格上，右击，在弹出的快捷菜单中选择“插入”命令，弹出“插入”对话框，选中“整行”单选按钮，则在该处插入一行空单元格，在相应单元格内输入“郑凯”的记录。

(5) 双击 G2 单元格，输入“总分”，双击 A13 单元格，输入“各科平均分”。

(6) 双击 G3 单元格，单击“公式”选项卡“函数库”组“自动求和”下拉按钮Σ，在下拉列表中选择“求和”命令，确认公式正确后按[Enter]键，即可自动将求和结果输入到 G3 单元格。然后用自动填充的方法计算其他总分，单击 G3 单元格，将鼠标指针移至 G3 的右下角填充柄处，当鼠标指针由空心粗十字变为实心细十字时按住鼠标左键，拖动至结束单元格 G12。

(7) 双击 D13，单击“公式”选项卡“函数库”组中的“插入函数”按钮fx，弹出“插入函数”对话框，在“选择函数”列表框中选择“AVERAGE”，单击【确定】按钮，打开“函数参数”对话框，在 Number1 中输入“D3:D12”，单击【确定】按钮，再用自动填充的方法求其他学生的平均分。

(8) 选定单元格区域 A1:G1，单击“开始”选项卡“对齐方式”组中的“合并后居中”按钮；再右击，在弹出的快捷菜单中选择“设置单元格格式”命令，弹出“设置单元格格式”对话框，单击“字体”标签，“字体”选择“黑体”，“字形”选择“加粗”，“字号”选择“18”，再单击“对齐”选项卡，“水平对齐”选择“居中”，“垂直对齐”选择“居中”，选择“合并单元格”复选框，单击【确定】按钮。

选定单元格区域 A2:G13，右击，在弹出的快捷菜单中选择“设置单元格格式”命令，弹出“设置单元格格式”对话框，单击“边框”标签，“样式”选择“粗线”，单击“预置”栏中的“外边框”；接着“样式”选择“细线”，单击“预置”栏中的“内部”，单击【确定】按钮。

选定“姓名”所在行 A2:G2，右击，在弹出的快捷菜单中选择“设置单元格格式”命令，弹出“设置单元格格式”对话框，单击“填充”标签，在“背景色”中选择“浅绿”，单击【确定】按钮。

选定 D3:F12，单击“开始”选项卡“样式”组中的“条件格式”下拉按钮，在下拉列表中选择“突出显示单元格规则”，单击“小于”命令，弹出“小于”对话框，在文本框中输入“60”，在“设置为”下拉列表框中选择“自定义格式”，如图 8-2 所示，接着在打开的“设置单元格格式”对话框“字体”标签中设置单元格文字为“红色”“加粗倾斜”，在“填充”标签中设置“背景色”为“浅绿”，单击【确定】按钮。

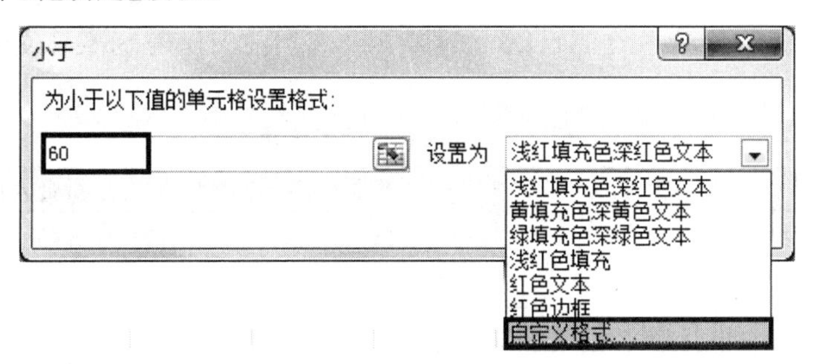

图 8-2 “小于”对话框设置

(9) 选定单元格区域 A2:A12 和 D2:F12，单击“插入”选项卡“图表”组中的“柱形图”下拉按钮，在下拉列中的“二维柱形图”区选择“簇状柱形图”，接着在出现的“图表工具”选项卡“布局”标签“标签”组中单击“图表标题”下拉按钮，选择“图表上方”样式，输入标题“学生成绩表”，单击“标签”组中的“坐标轴标题”下拉按钮，选择“主要横坐标轴标题”命令，再选择“坐标轴下方标题”样式，输入标题“姓名”，继续单击“标签”组中的“坐标轴标题”下拉按钮，选择“主要纵坐标轴标题”命令，再选择“竖排标题”样式，输入标题“分数”，然后将图表移到数据表下方，如图 8-3 所示。

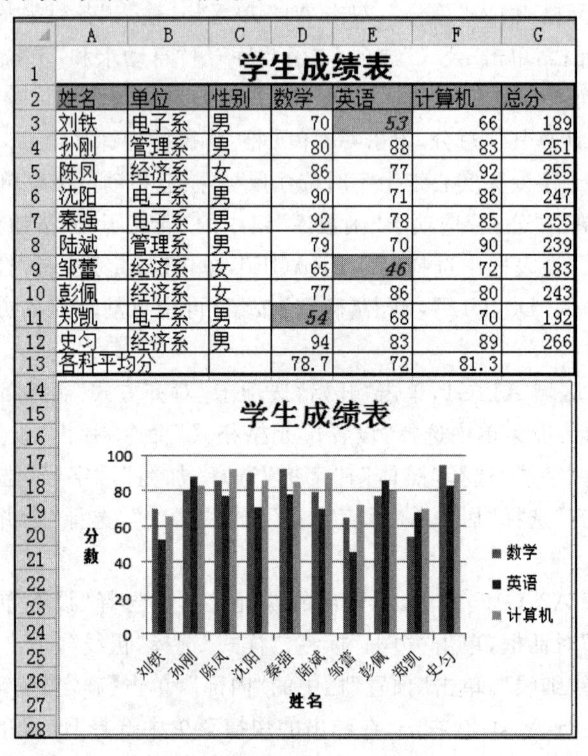

	A	B	C	D	E	F	G
1	学生成绩表						
2	姓名	单位	性别	数学	英语	计算机	总分
3	刘铁	电子系	男	70	53	66	189
4	孙刚	管理系	男	80	88	83	251
5	陈凤	经济系	女	86	77	92	255
6	沈阳	电子系	男	90	71	86	247
7	秦强	电子系	男	92	78	85	255
8	陆斌	管理系	男	79	70	90	239
9	邹蕾	经济系	女	65	46	72	183
10	彭佩	经济系	女	77	86	80	243
11	郑凯	电子系	男	54	68	70	192
12	史匀	经济系	男	94	83	89	266
13	各科平均分			78.7	72	81.3	

图 8-3　学生成绩表及柱形图

(10) 单击【文件】按钮，在下拉菜单中选择“保存”命令，弹出“另存为”对话框，在地址栏选择或输入“E:\Excel1”，输入文件名“E1”，单击【保存】按钮。

四、思考与练习

1. 新建一工作簿文件“E2. xlsx”，保存在“E:\Excel1”下。已知数据如表 8-1 所示，建立抗洪救灾捐献统计表(存放在 A1:D5 的区域内)，将当前工作表 Sheet1 更名为“救灾统计表”。

表 8-1　抗洪救灾捐献统计表

单位	捐款(万元)	实物(件)	折合人民币(万元)
第一部门	1.95	89	2.45
第二部门	1.2	87	1.67
第三部门	0.95	52	1.30
总计			

(1) 计算各项捐献的总计，分别填入“总计”行的各相应列中。

(2) 选“单位”和“折合人民币”两列数据(不包含总计)，绘制部门捐款的三维饼图，要求有图例并显示各部门捐款总数的百分比，图表标题为“各部门捐款总数百分比图”。图表嵌入在数据表格下方。

2. 建立海润公司员工工资表，如图 8-4 所示，计算实发工资，如图 8-5 所示。并对工资表进行格式设置，如图 8-6 所示。然后以“E3.xlsx”为名保存在“E:\Excel1”下。

	A	B	C	D	E	F	G	H	I	J	K
1	海润公司员工工资表										
2	序号	姓名	部门代码	部门	职务	出生年月	基本工资	津贴	奖金	扣款额	实发工资
3	1	钟凝	0132	销售部	业务员	1970-7-2	1500	450	1200	98	
4	2	李凌	0132	销售部	业务员	1972-12-23	400	260	890	86.5	
5	3	薛海仓	0132	销售部	业务员	1965-4-25	1000	320	780	66.5	
6	4	胡梅	0132	销售部	业务员	1976-7-23	840	270	830	58	
7	5	周明明	0259	财务部	会计	1967-6-3	1000	350	400	48.5	
8	6	张和平	0259	财务部	出纳	1972-9-3	450	230	290	78	
9	7	郑裕同	0368	技术部	技术员	1974-10-3	380	210	540	69	
10	8	郭丽明	0369	技术部	技术员	1976-7-9	900	280	350	45.5	
11	9	赵海	0370	技术部	工程师	1966-8-23	1600	540	650	66	
12	10	郑黎明	0371	技术部	技术员	1971-3-12	880	270	420	56	
13	11	潘越明	0259	财务部	会计	1975-9-28	950	290	350	53.5	
14	12	王海涛	0132	销售部	业务员	1972-10-12	1300	400	1000	88	
15	13	罗晶晶	0132	销售部	业务员	1967-9-28	930	300	650	65	

图 8-4 海润公司员工工资表

	A	B	C	D	E	F	G	H	I	J	K
1	海润公司员工工资表										
2	序号	姓名	部门代码	部门	职务	出生年月	基本工资	津贴	奖金	扣款额	实发工资
3	1	钟凝	0132	销售部	业务员	1970-7-2	1500	450	1200	98	3,052.00
4	2	李凌	0132	销售部	业务员	1972-12-23	400	260	890	86.5	1,463.50
5	3	薛海仓	0132	销售部	业务员	1965-4-25	1000	320	780	66.5	2,033.50
6	4	胡梅	0132	销售部	业务员	1976-7-23	840	270	830	58	1,882.00
7	5	周明明	0259	财务部	会计	1967-6-3	1000	350	400	48.5	1,701.50
8	6	张和平	0259	财务部	出纳	1972-9-3	450	230	290	78	892.00
9	7	郑裕同	0368	技术部	技术员	1974-10-3	380	210	540	69	1,061.00
10	8	郭丽明	0369	技术部	技术员	1976-7-9	900	280	350	45.5	1,484.50
11	9	赵海	0370	技术部	工程师	1966-8-23	1600	540	650	66	2,724.00
12	10	郑黎明	0371	技术部	技术员	1971-3-12	880	270	420	56	1,514.00
13	11	潘越明	0259	财务部	会计	1975-9-28	950	290	350	53.5	1,536.50
14	12	王海涛	0132	销售部	业务员	1972-10-12	1300	400	1000	88	2,612.00
15	13	罗晶晶	0132	销售部	业务员	1967-9-28	930	300	650	65	1,815.00

图 8-5 计算实发工资

	A	B	C	D	E	F	G	H	I	J	K
1	**海润公司员工工资表**										
2	序号	姓名	部门代码	部门	职务	出生年月	基本工资	津贴	奖金	扣款额	实发工资
3	1	钟凝	0132	销售部	业务员	1970年7月2日	***￥1,500.0***	￥450.0	￥1,200.0	￥98.0	￥3,052.0
4	2	李凌	0132	销售部	业务员	1972年12月23日	***￥400.0***	￥260.0	￥890.0	￥86.5	￥1,463.5
5	3	薛海仓	0132	销售部	业务员	1965年4月25日	￥1,000.0	￥320.0	￥780.0	￥66.5	￥2,033.5
6	4	胡梅	0132	销售部	业务员	1976年7月23日	￥840.0	￥270.0	￥830.0	￥58.0	￥1,882.0
7	5	周明明	0259	财务部	会计	1967年6月3日	￥1,000.0	￥350.0	￥400.0	￥48.5	￥1,701.5
8	6	张和平	0259	财务部	出纳	1972年9月3日	***￥450.0***	￥230.0	￥290.0	￥78.0	￥892.0
9	7	郑裕同	0368	技术部	技术员	1974年10月3日	***￥380.0***	￥210.0	￥540.0	￥69.0	￥1,061.0
10	8	郭丽明	0369	技术部	技术员	1976年7月9日	￥900.0	￥280.0	￥350.0	￥45.5	￥1,484.5
11	9	赵海	0370	技术部	工程师	1966年8月23日	***￥1,600.0***	￥540.0	￥650.0	￥66.0	￥2,724.0
12	10	郑黎明	0371	技术部	技术员	1971年3月12日	￥880.0	￥270.0	￥420.0	￥56.0	￥1,514.0
13	11	潘越明	0259	财务部	会计	1975年9月28日	￥950.0	￥290.0	￥350.0	￥53.5	￥1,536.5
14	12	王海涛	0132	销售部	业务员	1972年10月12日	***￥1,300.0***	￥400.0	￥1,000.0	￥88.0	￥2,612.0
15	13	罗晶晶	0132	销售部	业务员	1967年9月28日	￥930.0	￥300.0	￥650.0	￥65.0	￥1,815.0

图 8-6 格式化后的工资表

(1) 标题文字格式为黑体、22 号、加粗，表头的字体格式为楷体、14 号。

(2) 标题文字居于表格的正中间，标题和表头文字在单元格中水平和垂直方向均为居中显示，“部门代码”列数据水平方向居中显示。

(3) 标题行行高为27(36像素)，表头行高为21，“姓名”列的宽度为10(字符)，其他所有列的列宽为自动调整列宽。

(4) “基本工资”“津贴”“奖金”“扣款额”和“实发工资”列的数字格式为小数位留1位，并添加千位分隔符和人民币符号“￥”；“出生年月”列的日期型格式为“＊＊年＊＊月＊＊日”的格式。

(5) 表格的外边框设置为黑色、粗线条；标题和表头的下边框设置为黑色、粗线条；表格的内边框设置为黑色、细线条。

(6) 标题的底纹设置为黄色，表头单元格的底纹设置为浅绿，序号和姓名列的单元格底纹设置为绿色。

(7) 设置“基本工资”列数据的条件格式，当满足条件“基本工资＞1000”时，字体为红色、加粗倾斜；当满足条件“基本工资＜500”时，字体为白色、加粗倾斜，单元格底纹为浅绿。

实验 9　Microsoft Excel 2010 数据管理

一、实验目的

1. 掌握 Excel 2010 中数据排序和筛选的方法。
2. 掌握 Excel 2010 中数据分类汇总的方法。
3. 掌握 Excel 2010 中数据透视表的操作方法。

二、实验内容

处理学生成绩表(二)。要求如下：

(1) 打开“E:\Excel1”下的“E1. xlsx”的学生成绩表，将成绩表(不包括标题、平均分，也不包括格式)复制到一个新的工作簿中，保存在“E:\Excel2”下，命名为“E1”。

(2) 对成绩表按“总分”降序排列，总分相同时按“计算机”成绩降序排列。文件保存在“E:\Excel2”下，命名为“E2”。

(3) 筛选学生成绩表中英语成绩在 80～90 分之间的学生。文件保存在“E:\Excel2”下，命名为“E3”。

(4) 求各系学生各门课程的平均成绩。文件保存在“E:\Excel2”下，命名为“E4”。

(5) 统计各系男女生的人数。文件保存在“E:\Excel2”下，命名为“E5”。

三、实验步骤

(1) 进入 E 盘窗口，在窗口的空白处右击，选择“新建|文件夹”命令，输入文件夹名“Excel2”，按[Enter]键。

(2) 进入 E 盘下的“Excel1”，双击打开其中的“E1. xlsx”。选定 A1:G12 单元格区域，右击，在弹出的快捷菜单中选择“复制”命令。单击【文件】按钮，在下拉菜单中选择“新建”，在可用模板中选择“空白工作簿”，然后在右边预览窗口下单击【创建】按钮，新建一个 Excel 2010 文件。在 A1 单元格上右击，在弹出的快捷菜单中单击“选择性粘贴”命令，弹出如图 9－1 所示的“选择性粘贴”对话框，在其中选中“数值”单选按钮，单击【确定】按钮。单击【文件】按钮，选择下拉菜单中的“另存为”命令，在“另存为”对话框地址栏选择或输入“E:\Excel2”，输入文件名“E1”，单击【保存】按钮。关闭该文档。

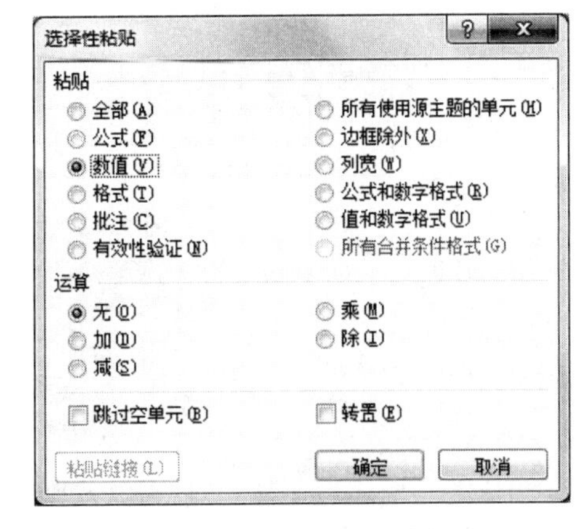

图 9－1　“选择性粘贴”对话框

(3) 打开“E:\Excel2”下的“E1. xlsx”，选定成绩表中的任一单元格，单击“数据”选项卡“排序和筛选”组中的“排序”按钮，弹出“排序”对话框，在“主要关键字”下拉列表框中选择“总分”,“排序依据”下拉列表框中选择“数值”,“次序”下拉列表框中选择“降序”,单击“添加条件”按钮,在“次要关键字”下拉列表框中选择“基本工资”“排序依据”为“数值”,“次序”为“降序”,单击【确定】按钮。排序后结果如图 9-2 所示。单击“文件”下拉菜单中的“另存为”命令,在“另存为”对话框地址栏选择或输入“E:\Excel2”,输入文件名“E2”,单击【保存】按钮。

	A	B	C	D	E	F	G
1	姓名	单位	性别	数学	英语	计算机	总分
2	史匀	经济系	男	94	83	89	266
3	陈凤	经济系	女	86	77	92	255
4	秦强	电子系	男	92	78	85	255
5	孙刚	管理系	男	80	88	83	251
6	沈阳	电子系	男	90	71	86	247
7	彭佩	经济系	女	77	86	80	243
8	陆斌	管理系	男	79	70	90	239
9	郑凯	电子系	男	54	68	70	192
10	刘铁	电子系	男	70	53	66	189
11	邹蕾	经济系	女	65	46	72	183

图 9-2 按主要关键字“总分”及次要关键字“计算机”降序排序结果

(4) 打开“E:\Excel2”下的“E1. xlsx”,选定成绩表中任一单元格,单击“数据”选项卡“排序和筛选”组中的“筛选”按钮,此时工作表的所有列标题右边出现筛选按钮。单击“英语”列的筛选按钮,在下拉列表中选择“数字筛选”,然后单击其中的“大于或等于…”命令,打开“自定义自动筛选方式”对话框,此时,第 1 个条件选择框中出现“大于或等于”,在右边下拉列表框中输入“80”,单击第 2 个条件选择框下拉按钮,选择“小于或等于”,在右边下拉列表框中输入“90”,设置两个条件为“与”的关系,如图 9-3 所示,单击【确定】按钮完成筛选,筛选结果如图 9-4 所示。单击“文件”下拉菜单中的“另存为”命令,在“另存为”对话框地址栏选择或输入“E:\Excel2”,输入文件名“E3”,单击【保存】按钮。

图 9-3 “自定义自动筛选方式”对话框

	A	B	C	D	E	F	G
1	姓名	单位	性别	数学	英语	计算机	总分
3	孙刚	管理系	男	80	88	83	251
9	彭佩	经济系	女	77	86	80	243
11	史匀	经济系	男	94	83	89	266

图 9-4 学生成绩表中英语在 80～90 分之间的筛选结果

(5) 打开“E:\Excel2”下的“E1. xlsx”,选定“单位”列的任一单元格,单击“数据”选项卡“排序和筛选”组中的“升序”按钮,对“单位”升序排序。选定成绩表中任一单元格,单击“数据”选项卡“分级显示”组中的“分类汇总”按钮,打开“分类汇总”对话框,在分类字段下拉列表中选择“单位”,在“汇总方式”下拉列表框中选择“平均值”,在“选定汇总项”列表框中选择汇总字段为“数学”“英语”“计算机”，再选择“汇总结果显示在数据下方”复选框，如图 9－5 所示，单击【确定】按钮完成分类汇总，分类汇总的结果如图 9－6 所示。单击“文件”下拉菜单中的“另存为”命令，在“另存为”对话框地址栏选择或输入“E:\Excel2”，输入文件名“E4”，单击【保存】按钮。

分类汇总
分类字段(A):
单位
汇总方式(U):
平均值
选定汇总项(D):
单位
性别
数学
英语
计算机
总分
替换当前分类汇总(C)
每组数据分页(P)
汇总结果显示在数据下方(S)
全部删除(R) 确定 取消

图 9－5 “分类汇总”对话框设置

	A	B	C	D	E	F	G
1	姓名	单位	性别	数学	英语	计算机	总分
2	刘铁	电子系	男	70	53	66	189
3	沈阳	电子系	男	90	71	86	247
4	秦强	电子系	男	92	78	85	255
5	郑凯	电子系	男	54	68	70	192
6		**电子系 平均值**		76.5	67.5	76.75	
7	孙刚	管理系	男	80	88	83	251
8	陆斌	管理系	男	79	70	90	239
9		**管理系 平均值**		79.5	79	86.5	
10	陈凤	经济系	女	86	77	92	255
11	邹蕾	经济系	女	65	46	72	183
12	彭佩	经济系	女	77	86	80	243
13	史匀	经济系	男	94	83	89	266
14		**经济系 平均值**		80.5	73	83.25	
15		**总计平均值**		78.7	72	81.3	

图 9－6 各系学生各门课程的平均成绩

(6) 打开“E:\Excel2”下的“E1. xlsx”，选定成绩表中任一单元格，单击“插入”选项卡“表格”组中的“数据透视表”下拉按钮，选择“数据透视表”命令，打开“创建数据透视表”对话框，确认选择要分析的数据的范围(如果系统给出的区域选择不正确，用户可用鼠标自己选择区域)以及数据透视表的放置位置(一般放在新建表中)，然后单击【确定】按钮。此时弹出“数据透视表字段列表”窗格，把要分类的字段“单位”拖入“行标签”位置，“性别”拖入“列标签”位置，使之成为透视表的行、列标题，要汇总的字段“性别”拖入“∑数值”位置，如图 9－7 所示，其结果如图 9－8 所示。单击“文件”下拉菜单中的“另存为”命令，在“另存为”对话框地址栏选择或输入“E:\Excel2”，输入文件名“E5”，单击【保存】按钮。

图 9－7 “数据透视表字段列表”对话框

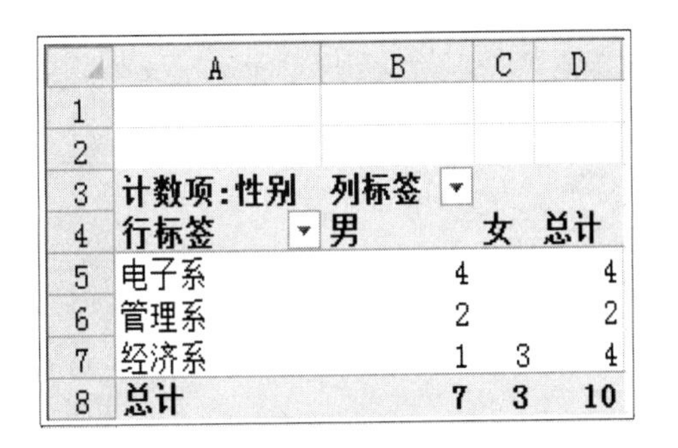

	A	B	C	D
1				
2				
3	**计数项:性别**	**列标签**		
4	**行标签**	**男**	**女**	**总计**
5	电子系	4		4
6	管理系	2		2
7	经济系	1	3	4
8	**总计**	**7**	**3**	**10**

图 9－8 统计各系男女生的人数

四、思考与练习

打开实验 8 思考与练习中保存在“E:\Excel1”下的“E3. xlsx”，将工作表(不包括表格标题,不包括格式)复制到一个新工作簿中,保存在"E:\Excel2"下,文件命名为"E6"(提示:利用选择性粘贴命令中的"数值"选项复制工作表)。

(1) 对"E6.xlsx"中的工资表按"基本工资"降序排列,若基本工资相同,按"津贴"降序排列。排序结果保存在"E:\Excel2"下,文件命名为"E7"。

(2) 在工资表中筛选出"基本工资>1000 或基本工资<500"的记录。筛选结果保存在"E:\Excel2"下,文件命名为"E8"。

(3) 求各部门基本工资、实发工资、奖金的平均值。分类汇总结果保存在"E:\Excel2"下,文件命名为"E9"。

(4) 在求各部门基本工资、实发工资、奖金的平均值的基础上,继续对各部门基本工资、实发工资、奖金求和。汇总结果保存在"E:\Excel2"下,文件命名为"E10"。

(5) 求各部门各职务的人数。数据透视表结果保存在"E:\Excel2"下,文件命名为"E11"。

实验 10　Microsoft PowerPoint 2010 演示文稿制作

一、实验目的

1. 熟练掌握 Microsoft PowerPoint 2010（简称 PowerPoint 2010）中建立演示文稿的方法。

2. 熟练掌握 PowerPoint 2010 中幻灯片的编辑操作。

3. 掌握 PowerPoint 2010 中美化演示文稿的方法。

4. 掌握 PowerPoint 2010 中幻灯片的动画设置方法。

5. 掌握 PowerPoint 2010 中放映演示文稿的方法。

二、实验内容

制作温馨贺卡。其效果如图 10－1 所示。

图 10－1　“贺卡”演示文稿

要求如下：

（1）在演示文稿中插入超级链接、动画效果、动作按钮。

（2）在演示文稿中插入背景音乐，并设置背景音乐的播放方式。要求为幻灯片启动时首先播放音乐，一直到幻灯片结束放映，播放时不显示声音图标。

（3）设置放映方式为“演讲者放映”及“循环放映，按[Esc]键终止”，放映观看演示文稿的播放效果。

（4）演示文稿保存在 E 盘下的“PowerPoint”文件夹中，文件名为“P1”。

三、实验步骤

进入 E 盘窗口，在窗口的空白处右击，选择“新建｜文件夹”命令，输入文件夹名

"PowerPoint",按[Enter]键。

(1) 创建"母亲节快乐"幻灯片,如图 10-2 所示。

图 10-2 "母亲节快乐"幻灯片的创建

① 新建幻灯片。启动 PowerPoint 2010,新建空演示文稿,"新幻灯片"的自动版式为"标题幻灯片"。

② 插入图片。单击"插入"选项卡"图像"组中的"图片"按钮,弹出"插入图片"对话框,插入"花朵"和"Happy Mother's Day"两张图片(其他相关图片也可),适当调整大小和位置。

③ 输入文本。在幻灯片的标题区中输入文本"祝您母亲节快乐",在"开始"选项卡"字体"组中设置字体为"华文行楷",字号为"48(磅)",在副标题区中输入"点点敬上",并适当地调整标题占位符和副标题占位符的大小和位置。

④ 将幻灯片背景填充色设置为渐变色。单击"设计"选项卡"背景"组中的"背景样式"下拉按钮,选择"设置背景格式"命令,弹出"设置背景格式"对话框,在"填充"标签中选中"渐变填充"单选按钮,单击"颜色"下拉按钮,在下拉列表"主题颜色"区选择"红色,强调文字颜色 2,淡色 60%",如图 10-3 所示,单击【关闭】按钮。

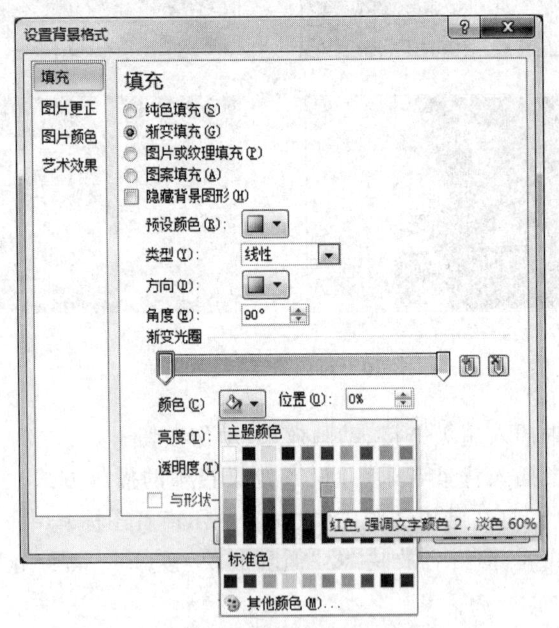

图 10-3 设置背景格式

⑤ 幻灯片切换效果设置为"棋盘"。单击"切换"选项卡,在"切换到此幻灯片"组中的幻灯片切换库中"华丽型"区选择"棋盘"。

⑥ 添加"返回"按钮，单击它可以回到第一张幻灯片。单击"插入"选项卡"插图"组中的"形状"下拉按钮，在下拉列表中"动作按钮"区选择"动作按钮：自定义"，将它画在幻灯片右下角合适位置，在出现的"动作设置"对话框"单击鼠标"标签中选中"超链接到"单选按钮，在下拉列表框中选择"第一张幻灯片"，单击【确定】按钮。在动作按钮上右击，在弹出的快捷菜单中选择"设置形状格式"命令，弹出"设置形状格式"对话框，在"填充"标签"填充"栏中选中"渐变填充"单选按钮，单击"预设颜色"下拉按钮，在下拉列表中选择"茵茵绿原"，在"类型"下拉列表框中选择"矩形"，单击"方向"按钮，在下拉列表中选择"中心辐射"；单击"三维格式"标签，在"棱台"栏单击"顶端"下拉按钮，在下拉列表中"棱台"区选择"艺术装饰"，如图 10-4 所示，单击【关闭】按钮；在动作按钮上右击，在弹出的快捷菜单中选择"编辑文字"命令，输入文字"返回"，并选定文字，将字体颜色设置为黑色。

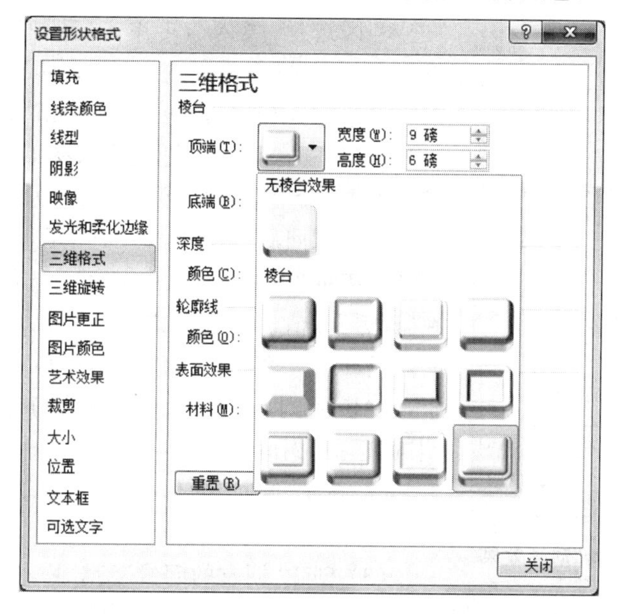

图 10-4　"返回"按钮的三维格式设置

(2) 创建"父亲节快乐"幻灯片，如图 10-5 所示。

图 10-5　"父亲节快乐"幻灯片的创建

① 插入新幻灯片。单击"开始"选项卡"幻灯片"组中的"新建幻灯片"下拉按钮，在展开的幻灯片版式库中选择"标题和内容"版式，插入一张新幻灯片。

② 插入图片和输入文字。单击"插入"选项卡"图像"组中的"图片"按钮，弹出"插入图片"对话框，插入"人物"和"烟嘴"图片(可以是其他相关图片)，适当调整大小和位置。依

照图 10－5 输入需要的文字。

③ 幻灯片格式化。单击“设计”选项卡“背景”组右下角的对话框启动器，弹出“设置背景格式”对话框，在“填充”标签“填充”栏选中“图片或纹理填充”单选按钮，单击“纹理”下拉按钮，在下拉列表中选择“绿色大理石”，单击【关闭】按钮。删除项目符号，利用“开始”选项卡“字体”组中的相应按钮将幻灯片上所有文本的颜色改为“白色”，将文本“您辛苦啦！”和“点点敬上”的字体设置为“楷体_GB2312”“32(磅)”，将文本“亲爱的爸爸”的字体设置为“华文隶书”“46(磅)”，将标题文本“Happy Father’s Day ！”的字体设置为“Arial Narrow”“斜体”“48(磅)”，并适当调整大小和位置。

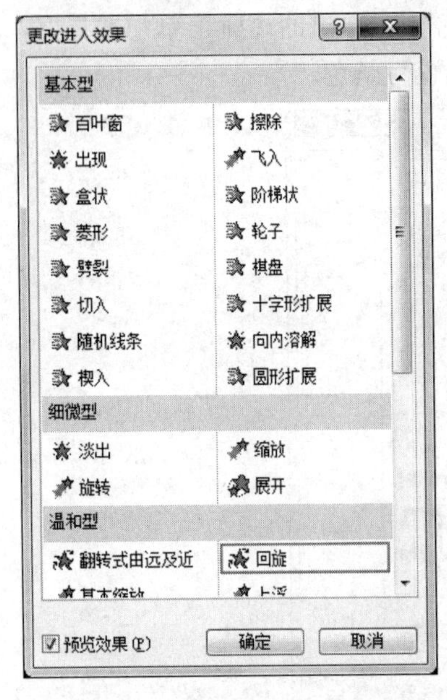

图 10－6 设置“回旋”动画效果

④ 设置动画效果。选中“人物”图片，单击“动画”选项卡“动画”组“动画库”的“其他”下拉箭头，在下拉列表“进入”区选择“飞入”，再单击“动画”组中的“效果选项”按钮，在下拉菜单中选择“自右侧”。选中“标题 2”(文本“Happy Father’s Day ！”)，单击“动画”选项卡“动画”组“动画库”的“其他”下拉箭头，在下拉列表中选择“更多进入效果”命令，弹出“更改进入效果”对话框，在“温和型”区选择“回旋”，如图 10－6 所示，单击【确定】按钮。在“计时”组的“开始”下拉列表框中选择“上一动画之后”，在“延迟”数值框中选择或输入“01.00”，表示启动动画的时间是在上一个动画播放完毕 1 秒后。单击“切换”选项卡，在“切换到此幻灯片”组中的幻灯片切换库中“华丽型”区选择“涡流”。

⑤ 添加“返回”动作按钮，制作方法与“母亲节快乐”幻灯片相同。

(3) 创建“朋友的问候”幻灯片，如图 10－7 所示。

图 10－7 “朋友的问候”幻灯片的创建

① 插入新幻灯片。单击“开始”选项卡“幻灯片”组中的“新建幻灯片”下拉按钮，在展开的幻灯片版式库中选择“标题幻灯片”版式，插入一张新幻灯片。

② 插入图片和输入文字。单击“插入”选项卡“图像”组中的“图片”按钮，弹出“插入图片”对话框，插入“上花边”“下花边”和“绿叶”图片(可以是其他相关图片)，适当调整大小和位置。选中“绿叶”图片右击，在弹出的快捷菜单中选择“置于底层|置于底层”命令，使图片位于文字下方。如图 10－7 所示，输入需要的文字。

③ 幻灯片格式化。单击“设计”选项卡“背景”组右下角的对话框启动器，弹出“设置背景格式”对话框，在“填充”标签“填充”栏选中“图片或纹理填充”单选按钮，单击“纹理”下拉按钮，在下拉列表中选择“白色大理石”，单击【关闭】按钮。利用“开始”选项卡“字体”组和“段落”组中的相应按钮将标题文本“滴滴：好久不见！近来可好？点点敬上”的字体设置为“44(磅)”“加粗”“下画线”，对齐方式为“居中对齐”，将副标题文本“Best Wish For You”的字体设置为“Times New Roman”“28(磅)”“加粗”“斜体”“白色”，对齐方式为“分散对齐”，并适当调整大小和位置。

④ 设置动画效果。选中“绿叶”图片，用前面介绍的方法设置动画进入效果为“形状”，选中“标题 4”(文本“滴滴：好久不见！近来可好？点点敬上”)，设置动画进入效果为“缩放”，并设置动画文本为“按字母”，声音效果为“打字机”，这可以通过单击“动画”选项卡“动画”组右下角的对话框启动器，弹出“缩放”对话框进行设置，在“效果”标签“增强”栏“声音”下拉列表框中选择“打字机”，“动画文本”下拉列表框中选择“按字母”，如图 10－8 所示。单击“切换”选项卡，在“切换到此幻灯片”组中的幻灯片切换库中“华丽型”区选择“框”。

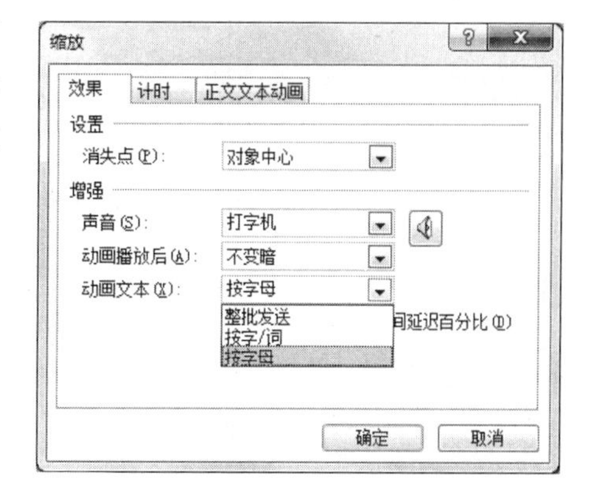

图 10－8　设置动画文本及声音

⑤ 添加“返回”动作按钮，制作方法与“母亲节快乐”幻灯片相同。

(4) 创建“贺卡”幻灯片，如图 10－9 所示。

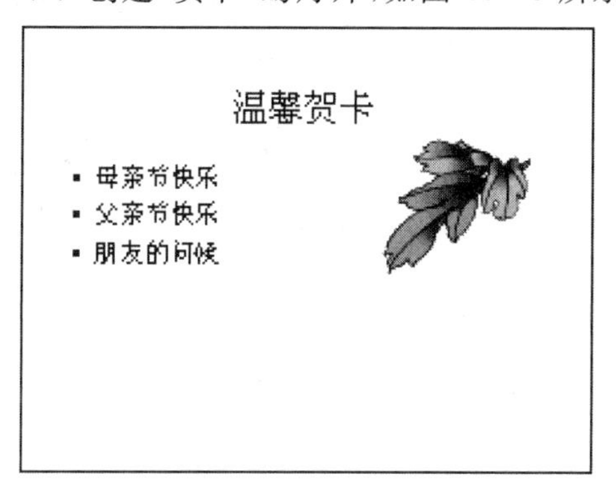

图 10－9　“贺卡”幻灯片的创建

① 插入新幻灯片。单击“开始”选项卡“幻灯片”组中的“新建幻灯片”下拉按钮，在展开的幻灯片版式库中选择“标题和内容”版式，插入一张新幻灯片。

② 插入图片和输入文字。单击“插入”选项卡“图像”组中的“图片”按钮，弹出“插入图片”对话框，插入“树叶”图片(可以是其他相关图片)，适当调整大小和位置。依照图 10－9 所示输入需要的文字。

③ 幻灯片格式化。单击“设计”选项卡“背景”组右下角的对话框启动器，弹出“设置背景格式”对话框，在“填充”标签“填充”栏中选中“渐变填充”单选按钮，单击“预设颜色”下拉按钮，在下拉列表中选择“雨后初晴”，单击“类型”下拉列表框中选择“线性”，单击“方向”下拉按钮，在下拉列表中选择“线性对角——右下到左上”，如图 10－10 所示。选定文本，单击“开始”选项卡“段落”组中的“项目符号”下拉按钮，在下拉列表中选择“项目符

号和编号”命令，弹出“项目符号和编号”对话框，在“项目符号”标签中单击【自定义】按钮，弹出“符号”对话框，在“字体”下拉列表框中选择“Windings”，将项目符号定义为“❖”，颜色设置为“黄色”。利用“开始”选项卡“字体”组中的相应按钮将标题文本“温馨贺卡”字体设置为“华文行楷”“66(磅)”“黄色”，将文本“母亲节快乐”“父亲节快乐”和“朋友的问候”字体设置为“方正舒体”“32(磅)”，适当调整大小和位置。

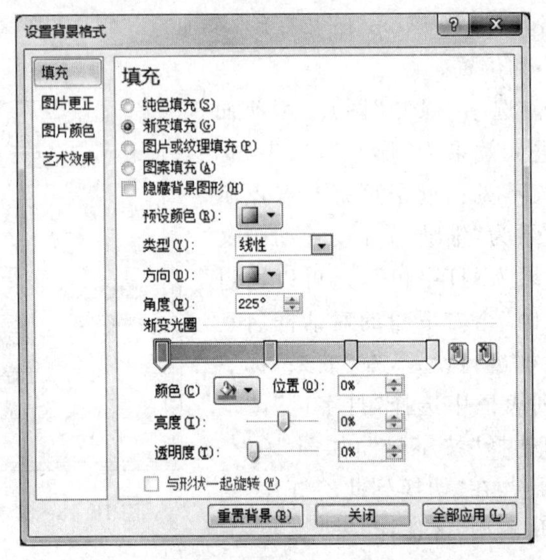

图 10-10 “贺卡”幻灯片背景格式的设置

④ 设置动画效果。选中“文本 2”(“母亲节快乐”“父亲节快乐”“朋友的问候”)，用前面介绍的方法设置动画效果为从底部飞入。单击“切换”选项卡，在“切换到此幻灯片”组中的幻灯片切换库中“动态内容”区选择“旋转”。

⑤ 设置超级链接。选定文本“母亲节快乐”，单击“插入”选项卡“链接”组中的“超链接”按钮，弹出“插入超级链接”对话框，在“链接到”栏中单击“本文档中的位置”，在“请选择文档中的位置”中单击“祝您母亲节快乐”，如图 10-11 所示，然后单击【确定】按钮。用同样的方法将“父亲节快乐”“朋友的问候”超级链接到相应的幻灯片上。

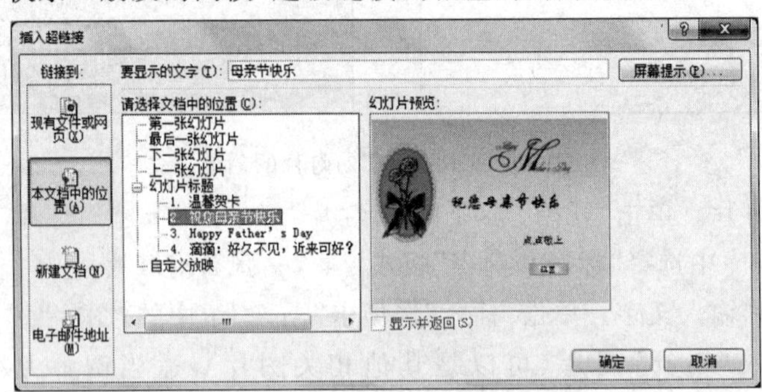

图 10-11 “插入超链接”对话框设置

在普通视图“幻灯片”标签中，选中“贺卡”幻灯片，按住鼠标左键将其拖动到第一张的位置。

(5) 插入背景音乐。选中第 1 张幻灯片，单击“插入”选项卡“媒体”组中的“音频”下拉按钮，选择“文件中的音频”，弹出“插入音频”对话框，选择背景音乐“致爱丽丝. mp3”(也可以是其他音乐)，单击【插入】按钮。单击“动画”选项卡“高级动画”组中的“动画窗格”按钮，打开动画窗格，在动画列表中单击音频“致爱丽丝.mp3”的下拉箭头，在下拉列表中选择“效果选项”命令，弹出“播放音频”对话框，在“效果”标签“停止播放”栏中设置“在4张幻灯片后”，如图10-12所示，表示声音一直播放，到4张幻灯片全部播放完毕后停止，注意可以根据需要设置幻灯片张数。再单击“音频设置”标签，选中“幻灯片放映时隐藏音频图标”复选框，单击【确定】按钮。

图 10-12 设置声音停止播放时间

(6) 设置放映方式。单击“幻灯片放映”选项卡“设置”组中的“设置放映方式”按钮，弹出“设置放映方式”对话框，选中“演讲者放映(全屏幕)”单选按钮及“循环放映，按Esc键终止”复选框，如图10-13所示，单击【确定】按钮。按功能键[F5]观看演示文稿的播放效果。

(7) 保存演示文稿。单击【文件】按钮，在下拉菜单中选择“保存”命令，弹出“另存为”对话框，在地址栏选择或输入“E:\PowerPoint”，输入文件名“P1”，单击【保存】按钮。

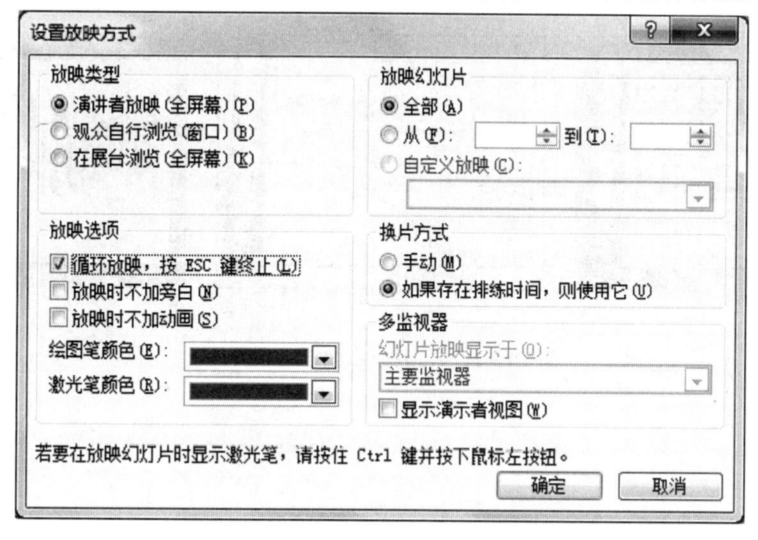

图 10-13 “设置放映方式”对话框

四、思考与练习

1. 建立一个空演示文稿，在其中输入如图10-14所示的内容，按要求完成下列操作。

(1) 设置第一张幻灯片的背景格式。背景填充设置如下：预设颜色为“雨后初晴”，类型为“射线”，方向为“中心辐射”。

(2) 应用“行云流水”主题修饰全文。

(3) 将全部幻灯片切换效果设置为“从右上部擦除”，换片方式为每隔5秒自动换片。

(4) 将第3张幻灯片的版式改为“垂直排列标题与文本”。

(5) 演示文稿保存在“E:\PowerPoint”下，文件名为“P2”。

2. 利用之前设计性实验中收集的文字和相关素材制作一个演示文稿，尽量用到所学过

国外管理的最新动态

- 企业重构
- 全球经营
- 战略管理
- 人本管理
- 企业的社会责任

企业重构
(Reengineering corporations)

- 什么是企业重构
- 为什么要进行企业重构
- 如何进行企业重构
- 企业重构的结果

什么是企业重构

- 企业重构就是通过流程分析的方法，对建立在传统的分工理论基础上的组织结构进行革命性的改造，以对客户的服务流程来设计企业的组织结构，从而更好地满足顾客的需求，提高企业的效率。

图 10－14　演示文稿样例

的演示文稿的编辑、美化、动画技术、超链接技术和多媒体技术等相关知识。

3. 参考图 10－15 设计一个介绍自己或自己所在学校、所学专业的演示文稿。

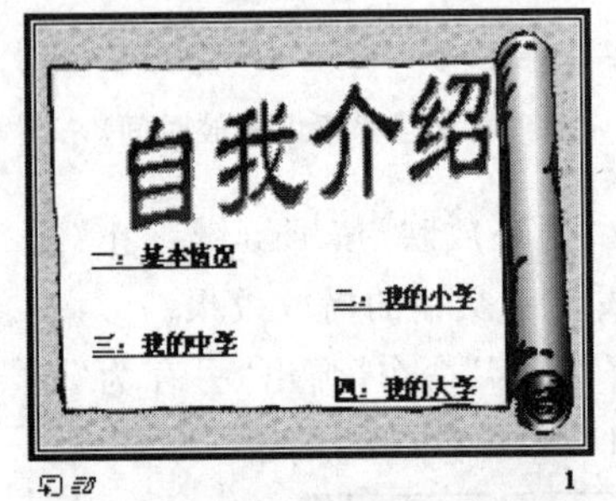

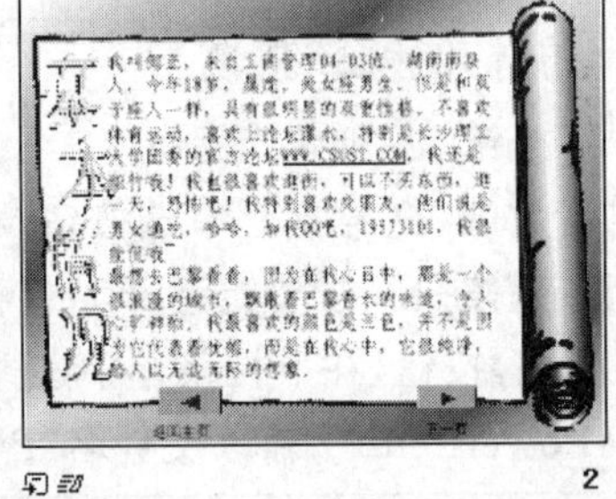

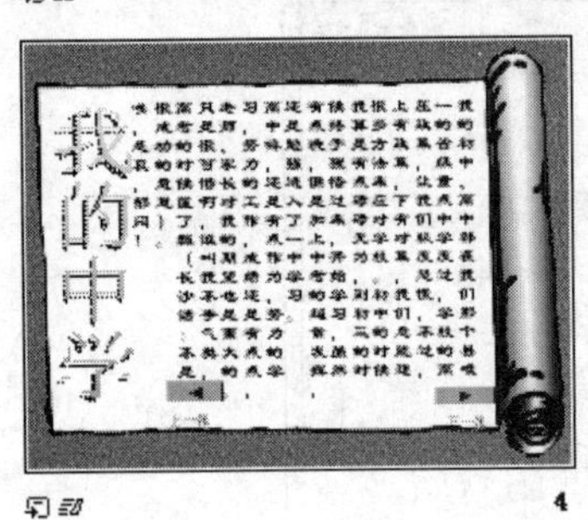

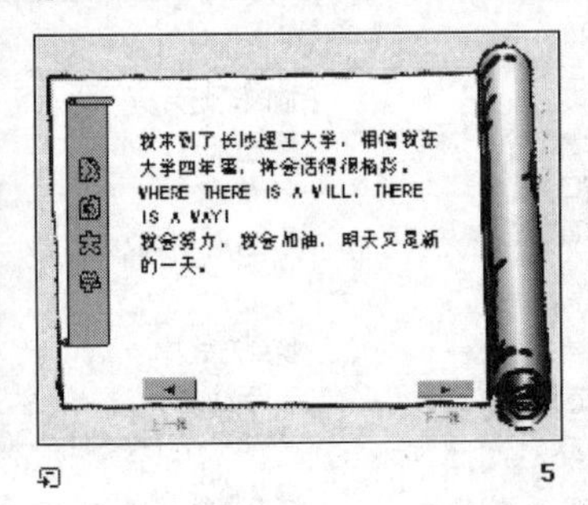

图 10－15　自我介绍演示文稿样例

实验11　Internet Explorer 8信息搜索、浏览和获取

一、实验目的

1. 掌握使用Internet Explorer 8（简称IE8)进行网上浏览的基本方法。
2. 掌握IE8中网页及网页中图片的保存方法。
3. 掌握IE8中网上搜索和FTP等服务的基本方法。

二、实验内容

1. 熟悉IE8浏览器的环境。

(1) 进入和退出IE8浏览器的方法。

(2) IE8中网站的地址构成及书写方法。

(3) 在IE8中输入几个网站地址，并查看其内容。

(4) IE8中网页的操作方法。

2. 利用IE8浏览器进行FTP文件传输操作。

(1) 熟悉通过IE8进行FTP登录步骤。

(2) 登录到文件服务器上后，查看服务器上都有哪些文件。

(3) 将文件服务器上的文件下载到本地计算机中。

(4) 将本地某一文件上传到文件服务器上，并核实该文件上传是否成功。

三、实验步骤

1. 运行IE8

完成与Internet连接后，就可以运行IE8，并进行网上浏览。

(1) 启动IE8。

双击Windows 7桌面上的IE8图标，进入IE8运行环境，在地址栏中输入网址，如北京大学网址“www. pku. edu. cn”，按[Enter]键，结果如图11-1所示。

(2) 认识IE8界面。

IE8窗口主要由标题栏、菜单栏、工具栏、地址栏、显示区等元素组成。

① 标题栏：显示当前Web页的标题。

② 菜单栏：包含IE8的所有操作，单击选项会弹出下拉式菜单，用户可以选择所需要的命令。

③ 工具栏：用来代替菜单中常用命令的一组命令按钮，单击某一个按钮则进行相应的操作。使用这些按钮可以方便地浏览Web页。若将鼠标移至某工具栏按钮上，则该按钮将凸起并高亮显示；若悬停一段时间，则会弹出此命令的说明。

④ 地址栏：用于输入和显示网页地址。在地址栏，用户甚至无须输入完整的Web地址就可以直接跳转。开始输入时，系统的自动功能会根据以前访问过的Web地址给出最匹配

图 11－1　IE8 窗口

地址的建议。

⑤ 显示区：Web 文档在此显示，主要用于显示文本、图形、动画等信息，用户需要的信息都在该区域显示。

(3) IE8 的启动主页设置。

① 在 IE8 启动后，选择“工具”菜单的“Internet 选项”命令，或者选中桌面上的 Internet Explorer 8 图标，单击鼠标右键，弹出快捷菜单，选择其中的“属性”命令，都可以弹出如图 11－2 所示的“Internet 选项”对话框。

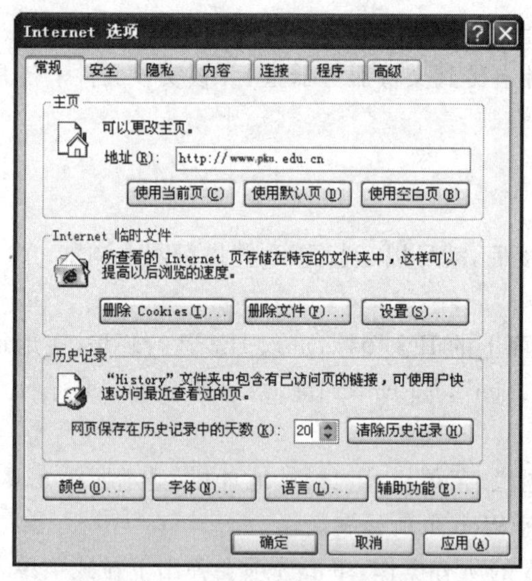

图 11－2　“Internet 选项”对话框

② 选择“常规”标签，在主页的地址框中输入“http:// www.pku.edu.cn”，然后单击【确定】按钮，起始主页设置完成，主页为北京大学网站首页。

③ 在这里可对 IE8 进行其他配置，如清除历史记录、删除 Internet 临时文件等。

(4) 关闭 IE8。

单击窗口右上角的“关闭”按钮☒。

(5) IE8 链接的跳转。

浏览其他网页，用户在网页中所能看到的“链接”就是网页中的各种“链接对象”。当鼠标指向网页中的对象时，若鼠标指针变成手形状，则该对象就是链接对象，否则不是链接对象。浏览的主要手段就是单击链接对象。单击后可能出现以下几种情形：跳转到当前网页的另外一处；跳转到另外一个网页且以另一窗口显示；跳转到其他站点的首页。每个网页一般都对应于服务器上的一个文件，但该文件的完整内容是被保护的，几乎无法拷贝到本地计算机中来。

2. 浏览网页

在 IE8 中，用户可以使用不同的方法浏览网络资源。

(1) 网址输入法。

用户在 IE8 窗口的地址栏中输入 Internet 网址。

例如，已知北京大学的域名地址为“www. pku. edu. cn”，用网址输入法操作步骤如下所示。

在 IE8 窗口的地址栏内输入地址“http://www. pku. edu. cn”，并按[Enter]键。

若连接成功，即进入北京大学主页，如图 11－1 所示。

进入主页后，用户可以按照主页提供的链接和选项，进入各子页或其他网页浏览。

(2) 地址栏列表。

除了可以在地址栏中输入要查看的 Web 页地址外，用户还可以通过地址栏列表进行选择。

用鼠标单击地址栏右侧的向下箭头，会弹出浏览过的网页地址，从打开的列表中选择地址，即开始连接相应的主页。

3. 浏览器的操作

(1) 返回起始页。

在使用 IE8 访问网页时，用户可以单击工具栏中的“主页”按钮，回到 IE8 的起始页。

(2) 从主页中跳转到其他链接。

在查看主页时，用户可以从当前主页中的链接直接跳转到其他链接。这些链接可以是图片、三维图像或者彩色文字(通常带下画线)。当鼠标指针移到主页上的某一项时，鼠标变为手形，单击后就链接到新的站点。

(3) 在已浏览的主页间跳转。

用户可能在当前窗口中浏览多个网页，为此，IE8 提供了在已浏览过的主页间跳转的功能。

如果要返回到上一个网页，只要单击工具栏上的“后退”按钮即可。如果要向后返回多页，可单击“后退”按钮右侧的向下小箭头，然后选择列表中的某个网页即可。

如果要转到下一网页，请单击工具栏上的“前进”按钮。如果要向前跳过多页，可单击“前进”按钮右侧的向下小箭头，然后选择列表中的某个网页即可。

通过“查看”菜单中的“浏览器栏”子菜单，选择该菜单中的“历史记录”，从“历史记录”地址列表中也可以查看曾经访问过的网页。

(4) 脱机浏览 Web 页。

IE8 提供了“脱机浏览”，用户不必连接到 Internet 就可以查看 Web 页。选择脱机方式的操作步骤如下：

① 在“文件”菜单上单击“脱机工作”选项。

② 通过“资源管理器”查找存在本机 D 盘上的. htm 文件。

③ 选择需浏览的 Web 页，如图 11－3 所示。

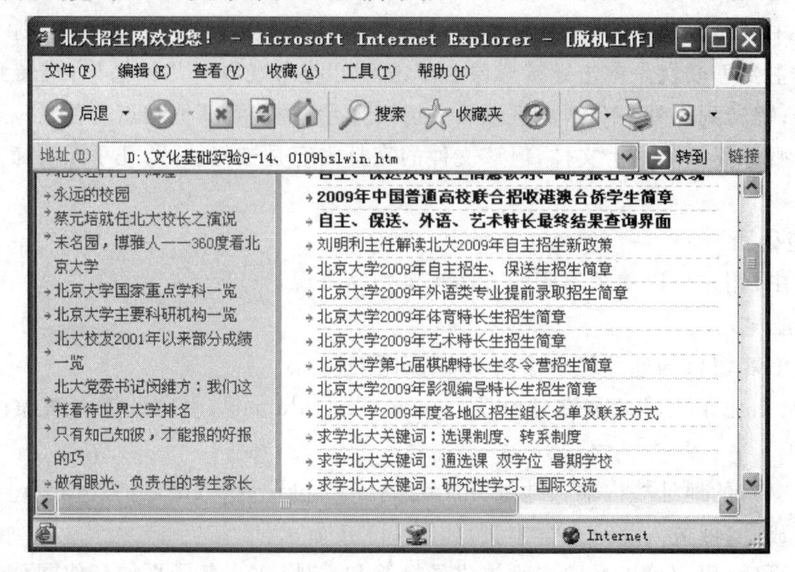

图 11－3 脱机工作

(5) 查看当前页的 HTM 源文件。

用户在使用 IE8 查看网页时，也可以查看当前页的 HTM 源文件。

查看当前页的 HTM 源文件的步骤如下所示。

① 选择“查看”菜单中“源文件”命令，打开当前页的 HTM 源文件，如图 11－4 所示。

② 可根据需要对其编辑和存盘。

图 11－4 查看 HTM 源文件

(6) 保存网页内容。

IE8 不仅为用户提供浏览网页的功能，还提供了将网页内容保存到磁盘的功能。

保存网页的方法：将北京大学主页存储到计算机磁盘中，文件命名为“BJU”。

① 打开“北京大学”主页。

② 在“文件”菜单中选择“另存为”命令。

③ 在弹出的“保存网页”窗口中选择保存该网页的文件夹。

④ 在“文件名”框中键入“BJU”，在“保存类型”下拉列表中选择“网页，全部(. htm;. htm)”，然后单击【保存】按钮。

保存部分文本的方法：将“北京大学”主页中“公告”的说明和相关站点存入 D 盘，文件名为“BJU1”。

① 在“北京大学”主页中找到“公告”。

② 用鼠标选中“公告”部分的文本，如图 11－5 所示。

图 11－5 北京大学公告页面

③ 右击弹出快捷菜单，选择其中的“复制”命令。

④ 打开“记事本”程序，选择“编辑”菜单中的“粘贴”命令，将剪贴板中的内容复制到“记事本”窗口中。

⑤ 利用“记事本”的文件保存功能将内容存入 D 盘。

保存图片的方法：访问北京大学主页，将主页上的“未名湖”图片保存到 D 盘。

① 打开北京大学主页。

② 将鼠标移到图片，然后单击右键，打开快捷菜单。

③ 选择“图片另存为”命令，打开“保存图片”窗口。

④ 选择保存的磁盘及文件夹，输入文件名，确定文件类型。

⑤ 单击【保存】按钮。

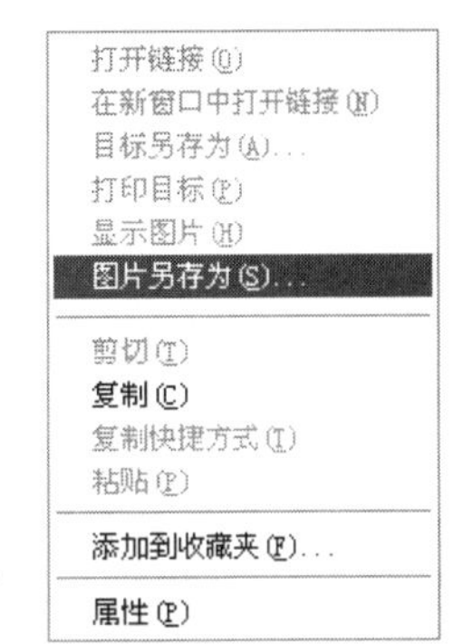

图 11－6 快捷菜单

不打开文件而直接保存的方法：用户在浏览网页的时候，经常会看到网页中有各种链接到其他网页的链接。用户可以在浏览器中将这些包含在当前网页中的链接所指定的网页直接保存在磁盘中。

① 在当前网页中找到用户感兴趣的链接。

② 使用鼠标右键单击该超链接。

③ 在弹出的如图 11－6 所示的快捷菜单中选择“目标另存为”命令。

④ 在弹出的“保存”对话框的“文件名”框中键入该项的名称，然后单击【保存】按钮，完成保存操作。

4. 打印 Web 页

在使用 IE8 浏览网页的时候，如果需要打印当前的网页，用户可以在 IE8 中将 Web 页打印出来。打印 Web 页时，IE8 可以按照屏幕的显示进行打印，也可以打印选定的部分。

打印当前窗口的内容的步骤：

① 在浏览网页的时候，选择“文件”菜单上的“打印”命令。

② 在“打印”对话框中选定参数，然后单击【确定】按钮。

打印指定部分的内容的步骤：

① 选定某个需要打印的部分。

② 在目标框架内右击，出现快捷菜单。

③ 选择“打印”命令，即开始打印指定部分的内容。

5. 用搜索引擎搜索 Internet 信息

Internet 是信息的海洋，当用户要查找某些信息时，可以借助于 Internet 上提供的雅虎、百度、搜狐、谷歌等搜索引擎来实现。

使用百度在网络上搜索，网址为“http://www.baidu.com”。

① 在浏览器的地址栏内输入地址，然后按[Enter]键。

② 屏幕将显示其主页，如图 11－7 所示。

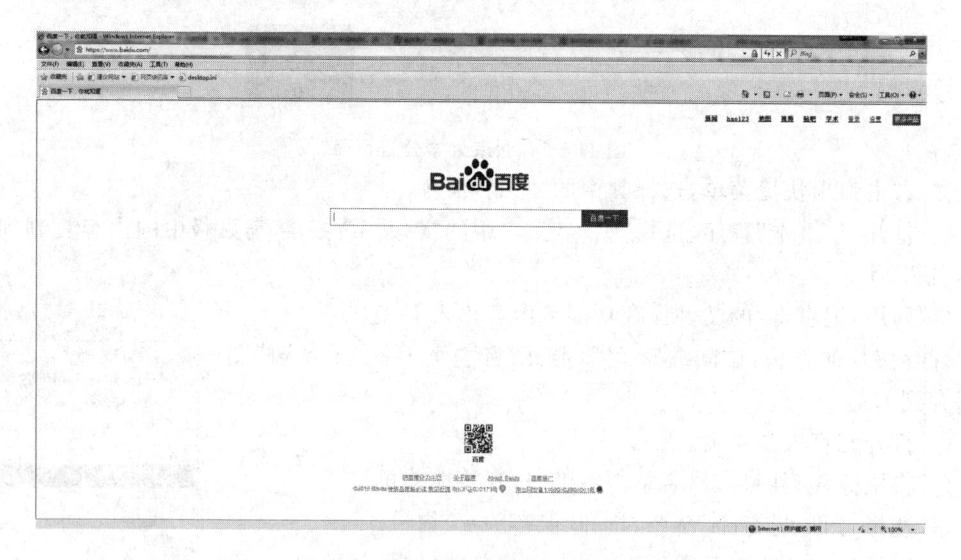

图 11－7　百度主页

③ 按页面提示和自己的意愿，搜索所需的信息。如输入“全国计算机等级考试”后按【百度一下】按钮，可找到大量有关全国计算机等级考试的信息。

四、思考与练习

1. 如何在 Internet 上快速查找信息？

2. 中国教育考试网的主页地址是“http://www.neea.edu.cn”，打开此主页，浏览“证书考试”页面，查找“调查分析师证书考试”页面内容，并将它以文本文件的格式保存到 C 盘根目录下，命名为“1jswks39”。

实验 12　电 子 邮 件

一、实验目的

1. 通过实验复习电子邮件有关知识，体会电子邮件的用途。
2. 掌握对邮箱的基本设置。
3. 熟悉电子邮件的收发方法，掌握在电子邮件中插入图片、文件的方法。

二、实验内容

1. 在 126 网站上注册一个免费邮箱，登录注册的邮箱并进行邮件的收发、地址簿的管理、邮箱设置等操作。
2. 学会设置专业邮箱管理软件 Foxmail，并使用 Foxmail 来收发邮件。
3. 学会设置 Outlook，并用 Outlook 进行电子邮件的收发。

三、实验步骤

1. 使用 126 免费邮箱收发邮件

(1) 注册。

如果还没有电子邮件的邮箱，请注册申请一个免费电子邮箱。

① 在 IE8 地址栏中输入“http://www.126.com”，进入网易 126 邮箱网站主页，如图 12-1 所示。

图 12-1　126 邮箱主页

② 单击【注册】按钮进入注册页面，如图 12-2 所示，在这里填写注册相关信息。例如，输入的用户名为“snail”，则邮箱地址为“snail@126.com”。如果输入的用户名已被他人注

册，则需要换一个用户名，直到没有注册过为止。

网易126免费邮--选择用户名 - Windows Internet Explorer
http://reg.126.com/regmail126/userRegist.do?action=start&from=
126 网易免费邮 www.126.com
网易首页 188财富邮 163邮箱 帮助
已经注册了126免费邮？ 登录
注册帮助
创建一个新的126邮箱地址
用户名： snail @126.com
出生日期： 1989 年 1 月 1 日
提示：出生日期将会是您拿回邮箱密码的重要凭证，请谨慎填写
用户名只能由英文字母a~z(不区分大小写)、数字0~9、下划线组成。
用户名的起始字符必须是英文字母。如：netease_2005
用户名长度为5~20个字符。
下一步
公司简介 广告服务 相关法律 反垃圾邮件政策 网易公司版权所有 ©1997-2009
Internet
100%

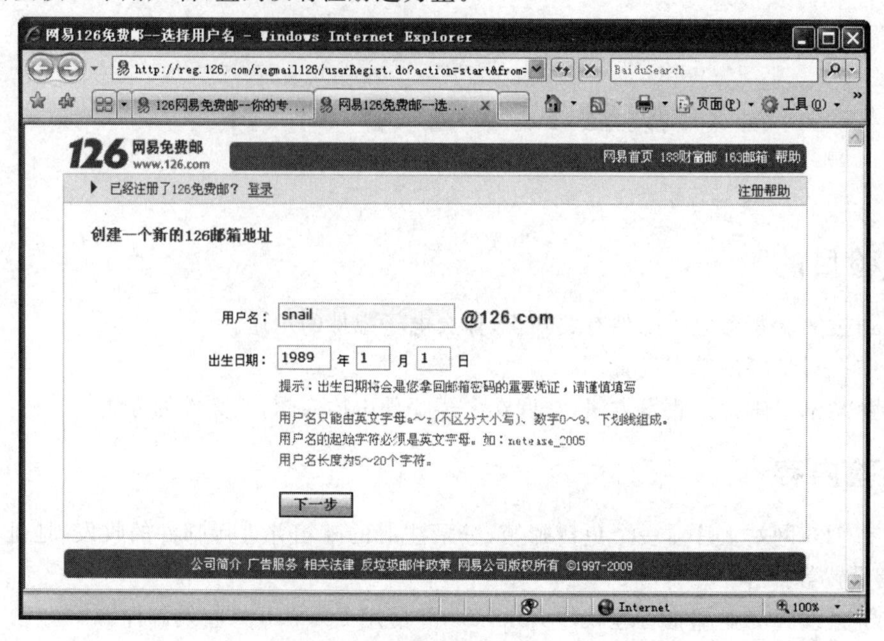

图 12-2　验证用户名的唯一性

登录密码是用来验证用户登录时其身份的合法性。按照页面要求，继续填写完整其他注册信息，如图 12-3 所示。最后单击页面下端的【完成】按钮，完成 126 免费邮箱的注册。如果注册成功则会弹出相应的提示窗口，如图 12-4 所示。

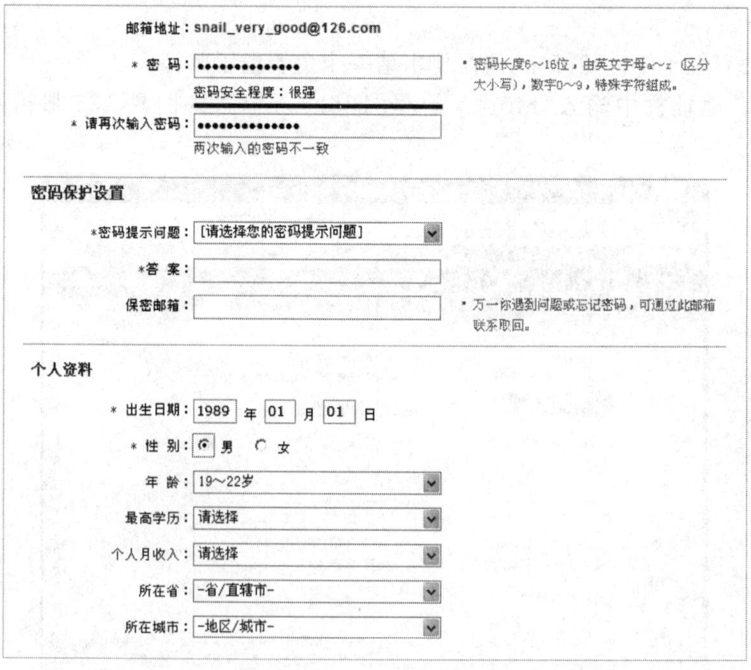

邮箱地址：snail_very_good@126.com
* 密 码：
密码长度6~16位，由英文字母a~z（区分大小写），数字0~9，特殊字符组成。
密码安全程度：很强
* 请再次输入密码：
两次输入的密码不一致
密码保护设置
*密码提示问题：[请选择您的密码提示问题]
*答 案：
保密邮箱：
万一你遇到问题或忘记密码，可通过此邮箱联系取回。
个人资料
* 出生日期： 1989 年 01 月 01 日
* 性 别： 男 女
年 龄： 19~22岁
最高学历： 请选择
个人月收入： 请选择
所在省： -省/直辖市-
所在城市： -地区/城市-

图 12-3　填写注册信息

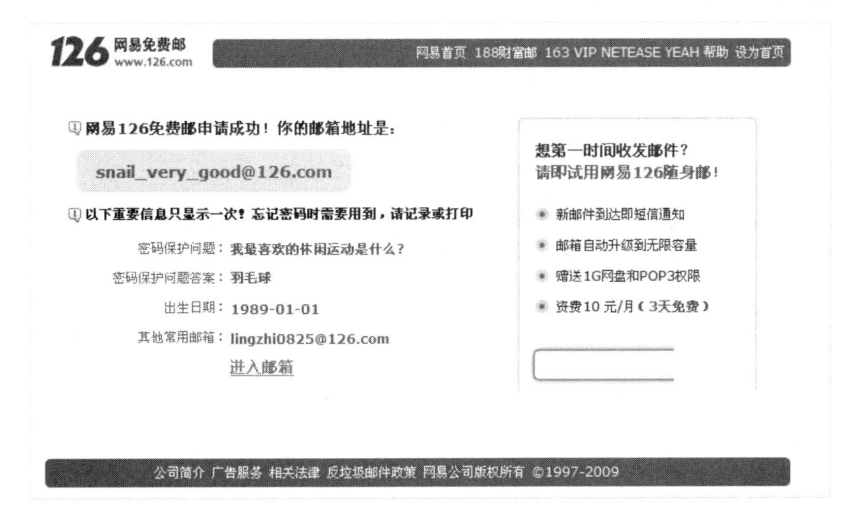

图 12-4 注册成功

（2）登录。

注册成功后，可以单击提示窗口中【进入邮箱】按钮直接进入邮箱，也可以从126邮箱的首页输入用户名及密码后点【登录】按钮进入邮箱，如图12-5所示。进入邮箱后界面如图12-6所示。

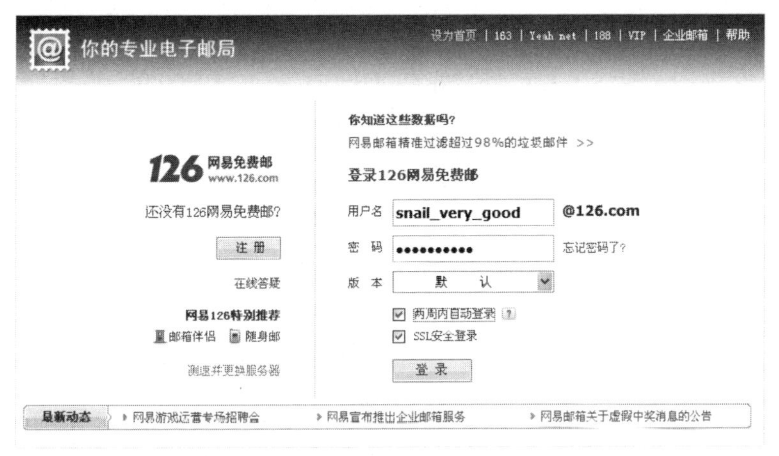

图 12-5 邮箱登录界面

图 12-6 邮箱主界面

(3) 阅读邮件。

进入邮箱后将会发现一封未读邮件,这是网易给每个用户发的欢迎邮件,用鼠标单击左侧的“收件箱”选项或者直接单击“您有一封未读邮件”,打开收件箱界面,如图 12-7 所示。

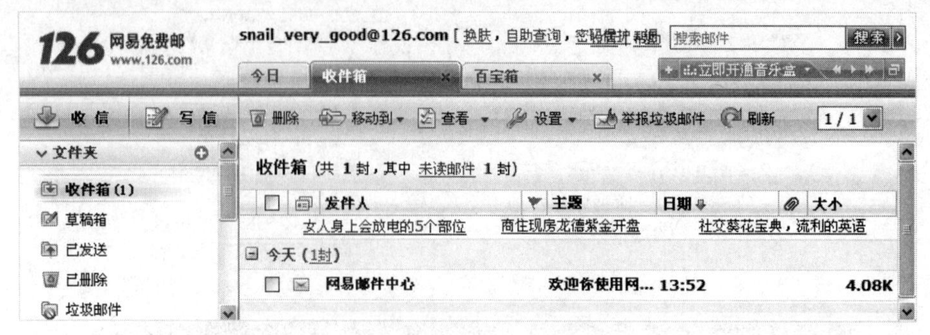

图 12-7 打开收件箱

单击邮件名称“网易邮件中心”或主题超链接“欢迎你使用网易 126 免费邮箱”打开邮件,查看邮件内容,如图 12-8 所示。

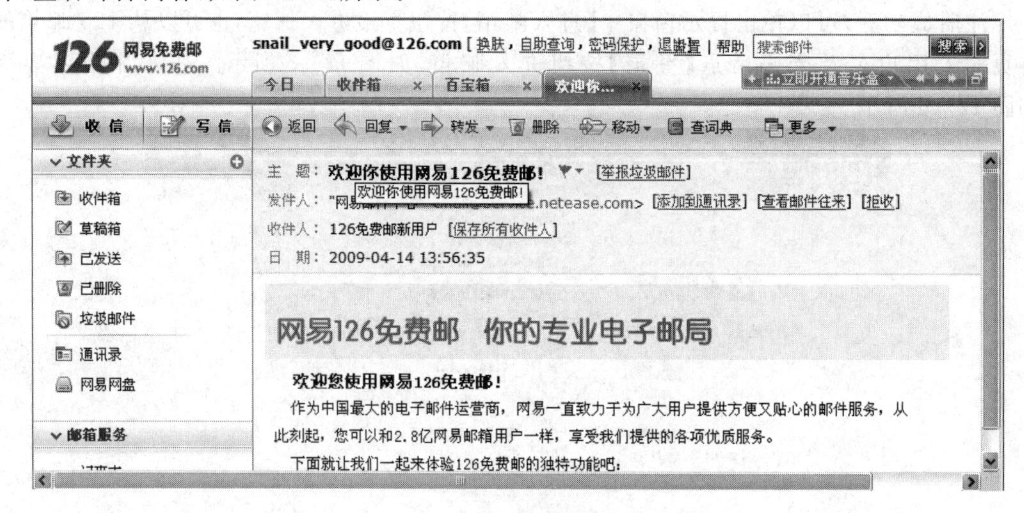

图 12-8 阅读邮件

在邮件阅读窗口中,上面有一排按钮:返回、回复、转发、删除、移动等。返回指返回邮箱;回复指自动打开写邮件窗口,并且收件人为本邮件的发件人,邮件主题是“RE:+本邮件的主题”;删除指删除邮件;转发指将本邮件发给别人;移动指将本邮件移动到文件夹、已发送或垃圾邮件等。邮件名称未加粗表示该邮件已读。

(4) 写邮件。

要发邮件,先单击页面左上角“写信”选项,进入写邮件界面,如图 12-9 所示。

接下来在收件人栏输入收件人的电子邮件地址,如 snail@126.com,也可直接从其右边的通讯录列表中选取收件人地址。在“主题”栏中输入邮件的主题,如“考试”等。

126 邮箱还提供了各种各样的辅助功能,例如,可在邮箱右边显示选择信纸的式样,如图 12-10 所示。使用信纸功能将使邮件更美观。

单击添加附件,即可出现“选择文件”界面,在计算机上找到需要发送的附件,如图 12-11 所示。

图 12－9 写邮件界面

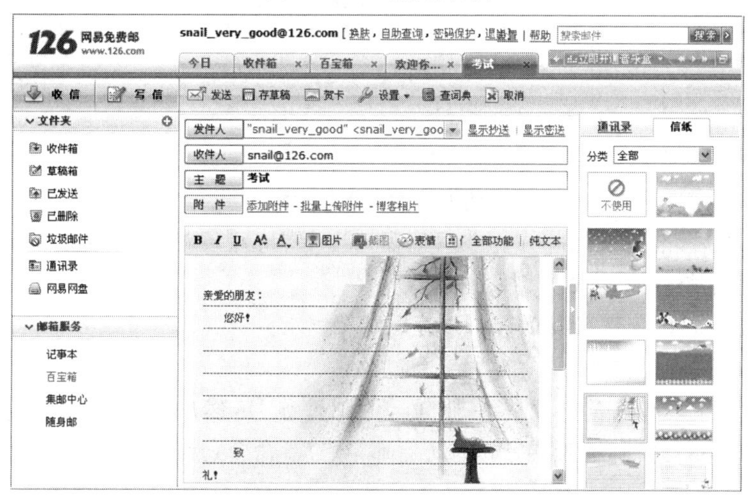

图 12－10 选用信纸的效果

图 12－11 添加附件

如果附件选错了，可以点击附件后的“×”来删除附件，再重新添加附件，如图 12 - 12 所示。

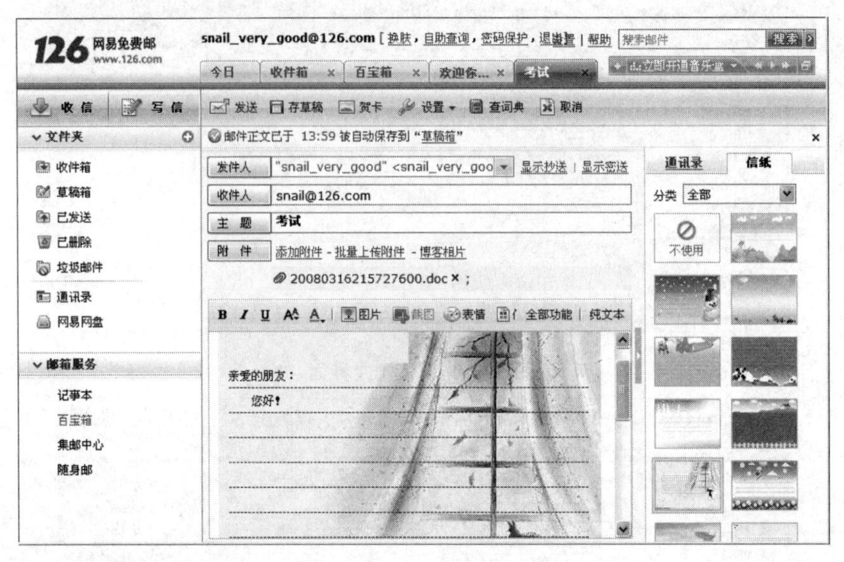

图 12 - 12　删除附件

添加完附件后，准备发送邮件。在写信窗口上部单击【发送】按钮，邮件开始发送；邮件发送完后，会显示邮件发送成功。

2. 使用专业邮件管理工具 Foxmail 管理邮箱

(1) 账号的注册。

在首次使用 Foxmail 前必须先注册自己的邮件账号，然后对基本邮件信息进行设置。在 Foxmail 窗口下打开“邮箱”菜单选择“新建邮箱账户”命令，弹出“向导”对话框，如图 12 - 13 所示。

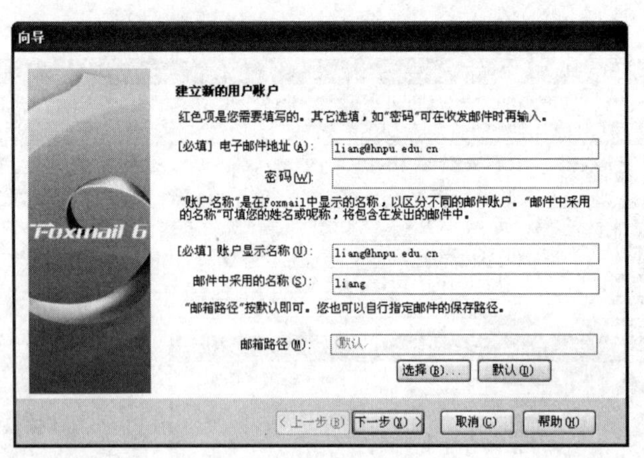

图 12 - 13　创建新账号

在“电子邮件地址”输入栏里输入完整的电子邮件地址。

在“密码”输入栏输入密码，如果不输入，以后每次打开 Foxmail 后，查看第一封邮件时都需要输入密码。

在“账户显示名称”输入栏输入该账户在 Foxmail 中显示的名称，以区分不同的邮件账户。

在“邮件中采用的名称”输入栏输入用户的姓名或昵称。该名称将被包含在发出去的邮件中，接收方在不打开邮件的情况下也能知道发邮件者是谁。

“邮件路径”是用来设置该账户邮件的存储路径，一般不需要设置。

单击【下一步】按钮，弹出如图 12-14 所示的“向导”对话框。其中，接收服务器类型选择 POP3 邮件服务器，一般输入×××.×××或者 pop.×××.×××。“邮件账户”输入栏键入 POP3 的账户名，可以带也可以不带域名，如“liang”或者“liang@hnpu.edu.cn”。“发送邮件服务器”输入栏输入指定发送邮件服务器域名或 IP 地址，如果 SMTP 和 POP3 是同一个主机，则两者相同，如均为“hnpu.edu.cn”。POP3 服务器和 SMTP 服务器有可能是不同的。一些 POP3 服务器习惯上以“pop”开头，如“pop.foxmail.com.cn”。

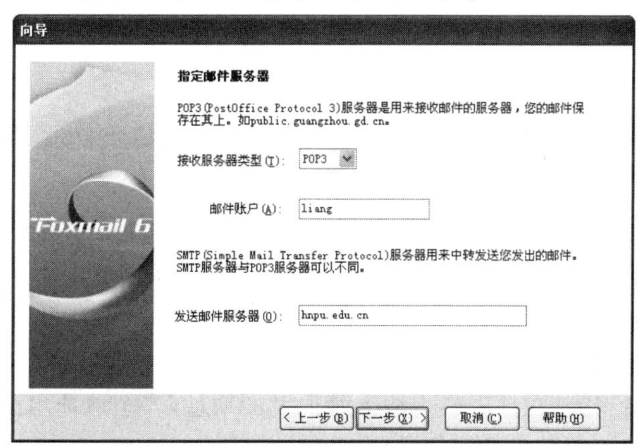

图 12-14 指定邮件服务器

全部设置完毕后，单击【下一步】按钮，弹出如图 12-15 所示的对话框，这时 Foxmail 会判断电子邮件地址是否属于 Internet 上常用的电子邮箱，如果是的话，Foxmail 会自动进行相应设置，继而单击【完成】按钮就可以完成账户的建立。

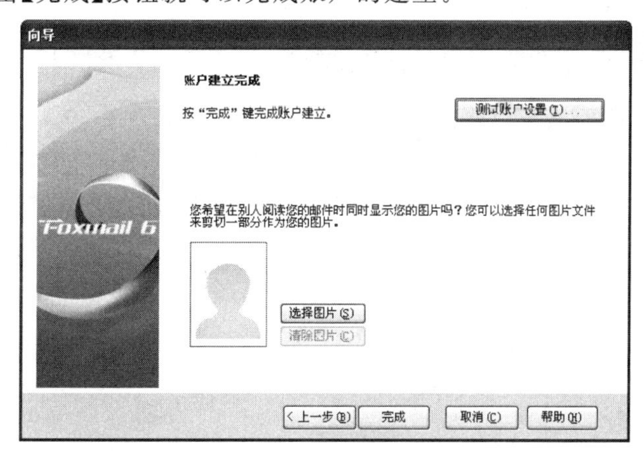

图 12-15 账户建立完成

邮件账户建立后，Foxmail 电子邮件软件就可以使用了。

(2) 邮件的收发。

在 Foxmail 窗口下单击工具栏上的【新邮件】按钮，或者打开“邮件”菜单，选择“新邮件”命令，弹出邮件编辑窗口，如图 12-16 所示。

发件人：发件人的地址，系统根据设置的默认账号自动填写。

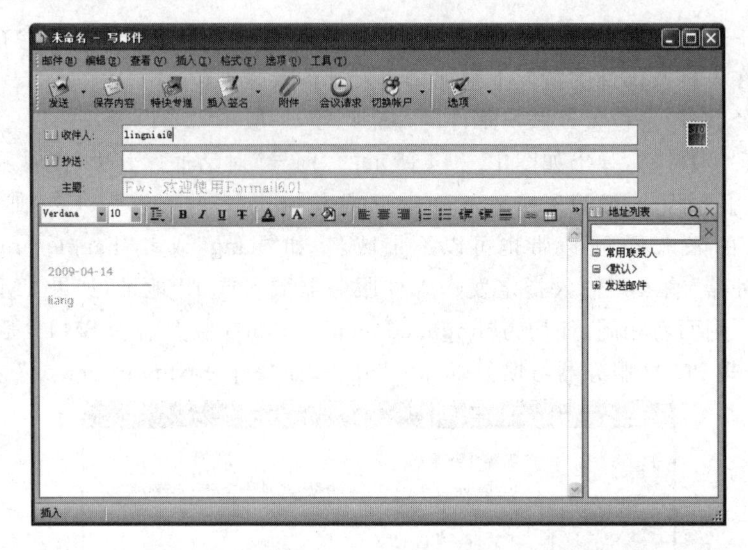

图 12 - 16　邮件编辑窗口

收件人:收件人的电子邮件地址。

抄送:抄送给其他人的电子邮件地址,所有收信人都能看到此处列出的收信人名单。

主题:发送邮件的中心主题。

邮件内容:在窗口的最大空白区,写入邮件内容。

一封邮件可发给多人,在抄送栏中输入抄送者的地址,多个地址用逗号分开。单击工具栏最左边的【发送】按钮即可完成发信过程。

3. 使用 Outlook 管理邮箱

Outlook 是 Windows 操作系统自带的邮箱管理软件,其功能与 Foxmail 相似。在首次使用 Outlook 前也必须先建立自己的邮件账号,然后对基本邮件信息进行设置。

Outlook 邮件系统的主界面如图 12 - 17 所示。

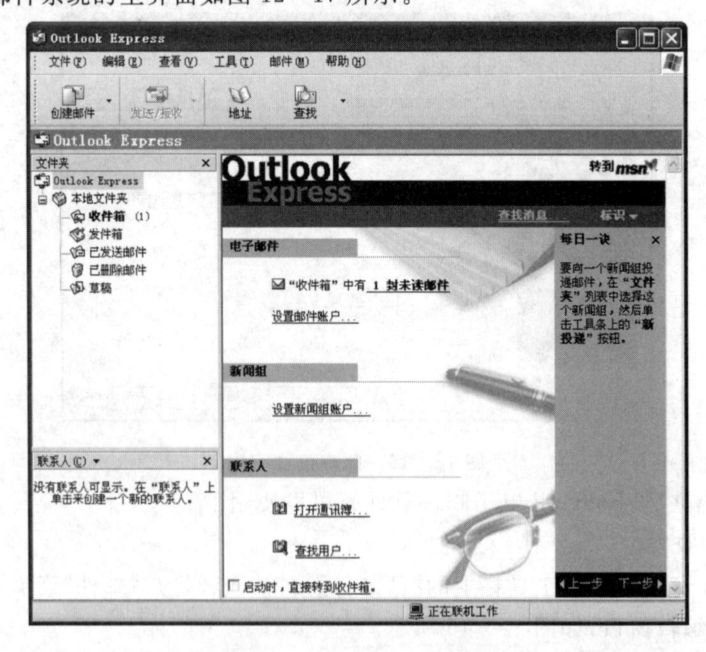

图 12 - 17　Outlook 主界面

(1) 邮件账号设置。

要使用 Outlook 收发邮件，先要设置好个人的邮件账号，在“工具”菜单“选项”命令中，选择“添加账号”将弹出“Internet 连接向导”对话框，如图 12 - 18 所示。先输入发送邮件的名称，然后再输入已申请的邮箱地址。

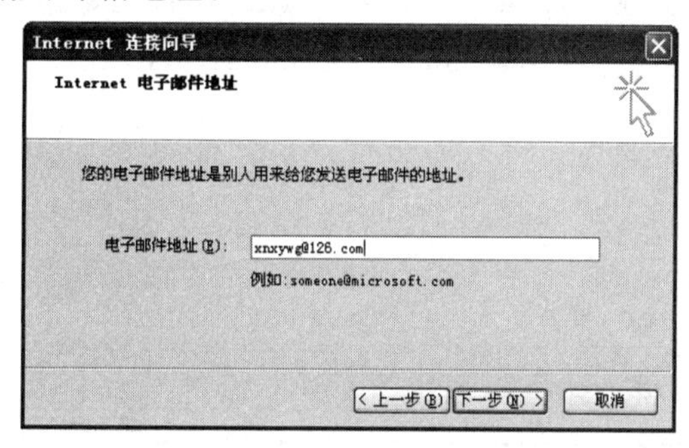

图 12 - 18 设置 Outlook 邮箱地址

单击图 12 - 18 中的【下一步】按钮，打开设置电子邮件服务器，如图 12 - 19 所示。一般接收邮件服务器的协议是 POP3 或 IMAT，发送邮件服务器的协议是 SMTP。最后设置连接到邮件服务器的账户名和密码(必须是已申请好的账号名和密码)，如图 12 - 20 所示。

注：要选择“使用安全密码验证登录”。

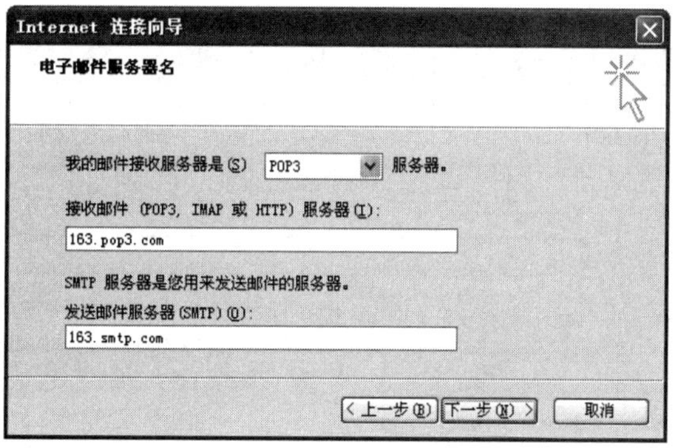

图 12 - 19 设置电子邮件服务器

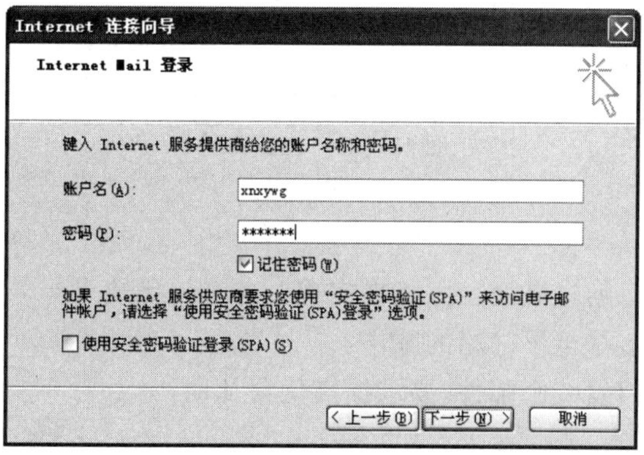

图 12 - 20 设置个人账户名和密码

(2) 收邮件。

点击 Outlook 邮件系统主界面中的【收邮件】，就可以接收来自邮件服务器发过来的邮件，如图 12 - 21 所示。点击所接收到的邮件，就可以阅读邮件的内容。

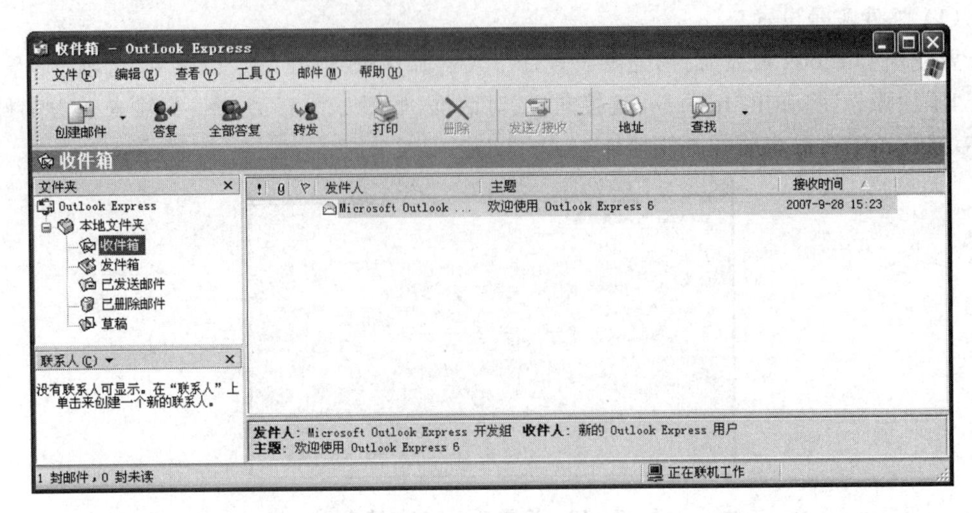

图 12-21 接收邮件

(3) 发送邮件。

点击 Outlook 邮件系统主界面中的【创建邮件】按钮，就可以创建新的邮件，在打开的如图 12-22 所示的窗口中输入收件人邮箱(还可以抄送给其他人)、主题和邮件内容，还可以通过工具栏中的【附件】按钮添加要发送的附件(可以是文档、图片等)，最后点击【发送】按钮即可。

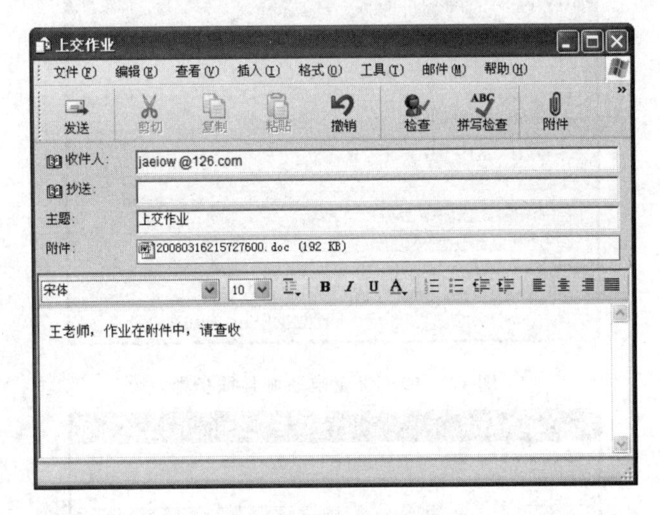

图 12-22 发送邮件

四、思考与练习

1. 收发电子邮件可通过哪两种方式来实现？各有何优缺点？
2. 如何管理来自多个电子邮箱的邮件？
3. 向公司财务部门发一个邮件，要求提高伙食补助。

具体内容如下：

收件人：caiwu@126.com。

主题：提高伙食补助。

函件内容：财务部门负责同志：鉴于物价上涨，请调整伙食补助，具体请拟订调整方案上报。

实验 13 Adobe Photoshop CS6 图像处理

一、实验目的

1. 了解数字图像基本知识，培养对图像的认知和体会。
2. 了解图像处理的基本原理，掌握矢量图、点阵图、颜色模型、色域、图像文件格式、分辨率、色相和饱和度等有关图像处理的基本概念。
3. 掌握数字图像处理的基本方法，学会编辑和处理图像。

二、实验内容

1. 从网络上下载一幅较为精细的图像，在 Adobe Photoshop CS6(简称 PS CS6)中打开并保存。

2. 利用 PS CS6 中的绘图工具、图层和滤镜绘制一个如图 13－1 所示的西瓜。

3. 使用 PS CS6 中的路径制作如图 13－2 所示的个性邮票。

4. 利用 PS CS6 制作一个如图 13－3 所示的火焰字。

图 13－1 西瓜效果图

图 13－2 邮票效果图

图 13－3 火焰字效果图

三、实验步骤

1. 下载图像并在 PS CS6 中打开和保存

PS CS6 支持很多种图像格式，其中. psd 是 PS CS6 专用的格式，保存为这种格式的文件可以再次进行修改。如果保存为其他的压缩格式(例如 *. tif 格式) 则不能再次修改。在实验中还可以比较同一幅图像保存为不同的图像格式时文件的大小。

2. 利用 PS CS6 中的绘图工具、图层和滤镜绘制一个西瓜

(1) 单击"文件"菜单选择"新建"命令，在弹出的"新建"对话框的"名称"输入栏输入图像文件名，设置图像"宽度"为"400"像素，"高度"为"300"像素。

(2) 单击"图层"菜单选择"新建|图层"命令，弹出"新建图层"对话框，命名为"瓜体"；在工具栏找到"前景色/背景色"按钮，并将前景色设为"淡黄色"，背景色设为"墨绿色"；右击工具栏中的"矩形工具"按钮，在弹出的列表中选择"椭圆工具"命令，如图 13－4 所示；利用"椭圆工具"画一个椭圆，如图 13－5 所示。

(3) 在右下角"路径"栏中右击"椭圆|形状路径"，在快捷菜单中选择"建立选区"命令，在"建立选区"的对话框中单击【确定】按钮。在右下角"图层"栏中右击"椭圆|图层"，在弹出

图 13-4 工具设置

的快捷菜单中选择"栅格化图层"命令。选用"渐变工具"按钮，从左上角至右下角进行渐变。

图 13-5 瓜体图形

图 13-6 瓜纹图形

(4) 新建一个图层，名称为"瓜纹"，用"矩形选框工具"按钮画一个长条，填充深绿色，这一层用来制作瓜纹。按住[Alt]键拖动矩形长条进行复制(用这种方法复制的内容不会新增图层)，效果如图 13-6 所示。

(5) 确定当前层为瓜纹层，按住[Ctrl]键点击瓜体层，将其浮动，执行"滤镜|扭曲|波纹"命令，参数可自定，本例设置大小为中，数量为 285。

(6) 继续执行"滤镜|扭曲|球面化"命令，数量设为 100%。完成后反选，将多余瓜纹删除。制作完成的效果如图 13-1 所示。

3. 制作个性邮票

(1) 单击"文件"菜单选择"新建"命令，创建"宽度"和"高度"都为"40"像素、分辨率为"72"像素/英寸、"颜色模式"为"RGB 颜色"的空白文件，并将该文件命名为"圆点"。

(2) 单击"椭圆工具"按钮，按住[Shift]键拖拉建立一个白色正圆。按[Ctrl]+[T]组合键，调整圆形四周出现的边框，使圆形充满整个画板。双击背景图层，弹出"新建图层"对话框，单击【确定】按钮。选择"油漆桶工具"按钮，选择前景色为黑色，填充当前画板，结果如图 13-7 所示。

(3) 单击"编辑"菜单选择"定义图片"命令，弹出"图片名称"对话框，在"名称"栏键入"圆点"。

(4) 单击"文件"菜单选择"新建"命令，创建"宽度"和"高度"都为"400"像素、分辨率为"72"像素/英寸、"颜色模式"为"RGB 颜色"的空白文件，并将该文件命名为"邮票"。

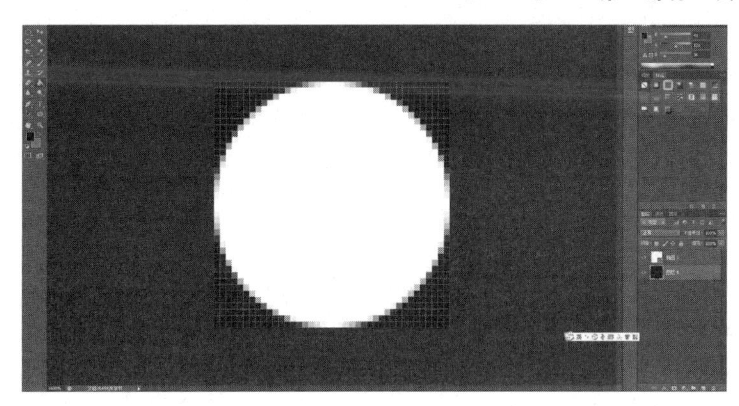

图 13－7 绘制圆点图案

(5) 单击“编辑”菜单选择“填充”命令，弹出“填充”对话框，在“使用”框下拉选项中选择“图案”，在“自定图案”中选择前面已定义的“圆点”图案，单击【确定】按钮。

(6) 单击“矩形工具”按钮，前景色选择“白色”，画一个如图 13－8 所示的矩形。

图 13－8 利用“矩形工具”绘制矩形

(7) 单击窗口右下角的“创建新图层”按钮，生成一个新的图层“图层 1”。单击“椭圆工具”按钮，按住[Shift]键，在画板中画一个圆。

(8) 单击“文件”菜单选择“置入”命令，弹出“置入”对话框，选中准备好的“鹦鹉.tif”文件，单击【置入】按钮将其放入当前画板中。此时，图片会自动生成一个图层，右击图层，在快捷菜单中选择“创建剪切蒙版”命令，此时，图片会只显示之前所画的圆形的部分。

(9) 单击“横排文字工具”按钮，设置文字颜色，在适当位置输入相关文字。

(10) 添加圆形图章，并加入文字，得到最终的邮票效果，如图 13－2 所示。

4. 制作火焰字

(1) 首先将背景色选为黑色，再单击“文件”菜单选择“新建”命令，创建一个“宽度”为“500”像素、“高度”为“400”像素、分辨率为“72”像素/英寸、“颜色模式”为“RGB 颜色”的新文件，并将文件命名为“火焰字”。

(2) 新建一图层，单击“横排文字工具”截图，输入文字，并设置文字大小，颜色为白色。

(3) 执行“图像|图像旋转|90 度(逆时针)”命令，再执行“滤镜|风格化|风”命令，弹出提示栅格化的对话框，单击【确定】按钮，弹出“风”对话框，直接使用默认值，单击【确定】按钮后再连续按两次[Ctrl]＋[F]组合键，这样就多执行了两次风。

(4) 按照上面的方法，把画布顺时针 90°恢复原状，然后再执行“滤镜|模糊|高斯模糊”

命令,半径设为“2”个像素。

(5) 执行“滤镜|液化”命令或按[Ctrl]+[Shift]+[X]组合键,弹出“液化”窗口在右边的工具选项中把画笔大小设为“50”,然后把画笔压力设为“40”,这个时候就可以画出火焰燃烧的效果,如图 13-3 所示。

四、思考与练习

1. 简述如何将一个选区保存,并在需要时再将其重新载入。
2. PS CS6 的图层、滤镜及通道在图像处理中有什么作用?
3. PS CS6 的 RGB,CMYK 颜色模型和灰度模式对图像处理和保存有什么影响?

实验 14　Flash 动画制作

一、实验目的

1. 熟悉 Flash 工作环境。

2. 学会使用时间轴窗口和工具箱的各种工具。

3. 掌握制作 Flash 动画的原理和基本方法。

二、实验内容

1. 制作一个打字机效果(一串文字逐个显示)的逐帧动画,并播放。

2. 制作一个从圆形到方形的形状渐变动画。

3. 制作如图 14-1 所示箭头沿圆周运动的引导动画。

4. 制作一个图案随鼠标移动而飘动并带有彗星尾巴的动画效果。

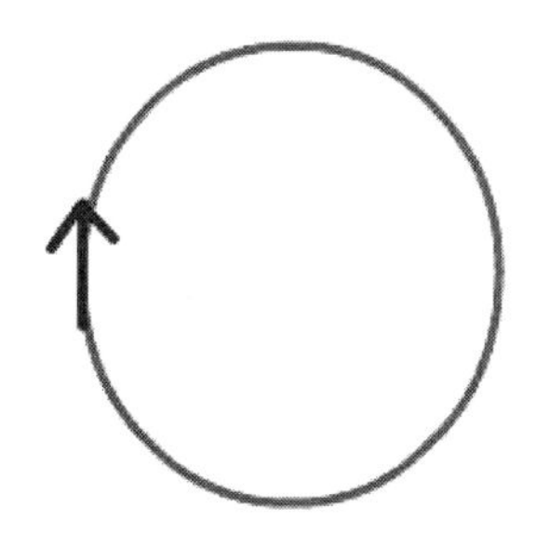

图 14-1　箭头的圆周运动

三、实验步骤

1. 制作一个打字机效果的逐帧动画并播放

(1) 单击“文件”菜单选择“新建”命令,新建一个影片文档,在属性面板上设置文件大小为“550×220”像素,背景为“白色”,帧频为“6”。

(2) 单击“插入”菜单选择“新建元件”命令,新建一个图形元件,命令为“光标”;单击工具箱的“线条工具”按钮,在属性面板上设置笔触的样式为“实线”,颜色为“白色”,高度为“1.75”。在编辑区里画一条横线作为光标,在属性面板中设置线条的宽为“40”;打开对齐面板,选中“相对于舞台”,设定为“水平中齐、垂直中齐”。

(3) 返回场景 1,选中第 1 帧,选用“文字工具”按钮,在属性面板里设置文本的字体为“Verdana”、大小为“20”、颜色为“绿色”,在场景上输入文字“Welcome”。用“选择工具”按钮选中文字,两次单击“修改|分离”命令,分离场景中的文字,在第 8 帧处单击鼠标右键插入普通帧,单击“编辑|时间轴|选择所有帧”命令,单击“修改|时间轴|转换为关键帧”命令,将所有帧转换为关键帧,然后锁住第 1 层。

(4) 新建图层 2,打开库面板,把库中的“光标”元件拖入到场景中“W”字符的下方,然后在第 8 帧处单击鼠标右键插入普通帧,单击“编辑|时间轴|选择所有帧”命令,单击“修改|时间轴|转换为关键帧”命令。

(5) 解除图层 1 的锁,选择图层 1 的第 1 帧,用部分选取工具,逐个选中字符“W”后面的字符,按[Del]键将“W”后面所有的字符全部删除;选择第 2 帧,删除“We”后面的所有字符,如图 14-2 所示;用同样的方法处理后面的各个关键帧。

(6) 选择图层 2,将各帧的“光标”图形拖到对应的字符下面。整个动画制作完成后

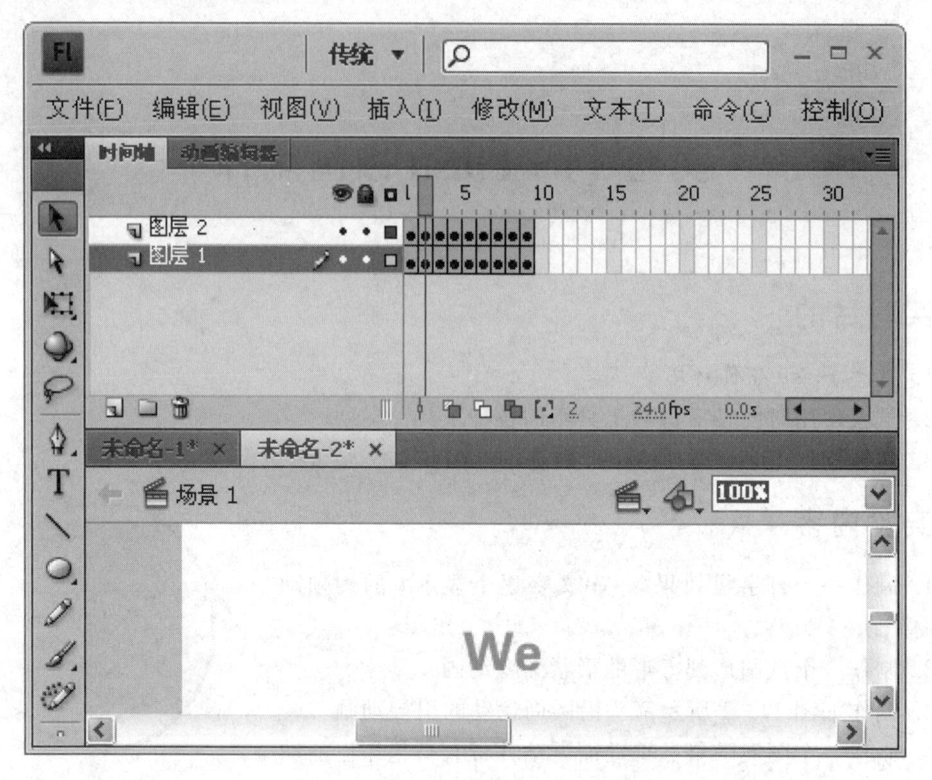

图 14－2　删除图层第 2 帧字符效果

保存。

(7) 播放动画。按[Enter]键可观看动画效果，再次按[Enter]键停止播放。按[Ctrl]＋[Enter]组合键测试影片。

2. 制作一个从圆形到方形的形状渐变动画

(1) 新建一个 Flash 文档，将第 1 帧转换为关键帧，选择“椭圆工具”按钮，在正中绘制圆形。

(2) 将第 10 帧转换为关键帧，选择“矩形工具”按钮，在舞台正中绘制与圆形等高的正方形。在绘制过程中，可以应用对齐面板和绘画纸功能来调整各帧对象的位置和大小。绘制纸是一个帮助定位和编辑动画的辅助功能。通常情况下，Flash 在舞台中一次只能显示动画序列的单个帧，而使用绘画纸功能，就可以在舞台中同时显示多个帧，如图 14－3 所示；按下“绘图纸外观”按钮，拉动外观标记的两端，可以扩大或缩小显示范围；按下“编辑多个帧”按钮可以显示全部帧内容，并且可以同时编辑多个帧。

(3) 选择第 1 帧，在属性面板中设置补间方式为“形状”。

3. 制作箭头沿圆周运动的引导动画

(1) 新建一个 Flash 文档，并将图层 1 命名为“箭头”层。

(2) 在箭头层中画一个箭头，并将箭头转换成图形符号。

(3) 打开库窗口，将箭头拖动到舞台中。

(4) 在箭头层上增加一个引导层“圆”，在引导层上面画一个无填充的圆(圆形框线)。

(5) 在箭头层第 5、10、15、20 帧处插入关键帧。选定第 1 帧，把第 1 帧的箭头拖到圆周上需要的位置。在圆周上设置 4 个对称点，分别对应关键帧第 5、10、15、20 帧，将箭头放在这 4 个对称点上，如图 14－4(a) 所示。

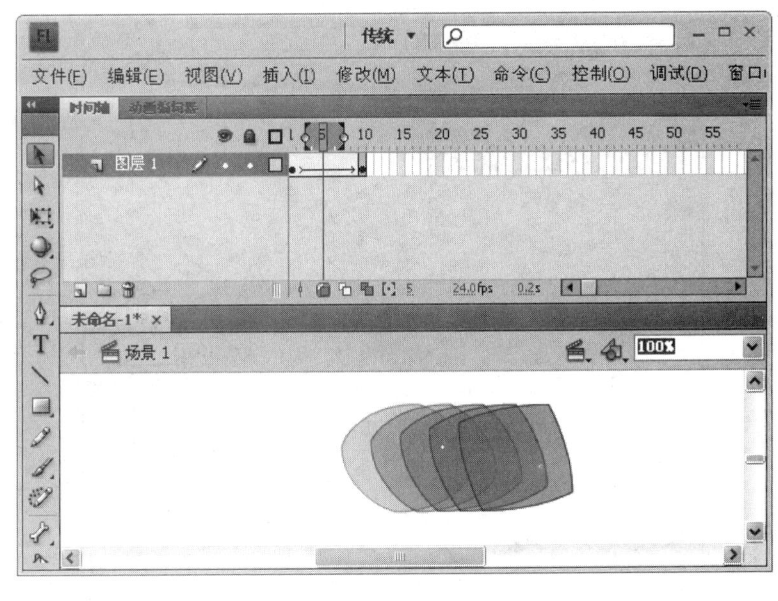

图 14-3　补间动画制作

(6) 在箭头层每两个关键帧之间,设置渐变方式为“动作”,设定后时间轴如图 14-4(b)所示。

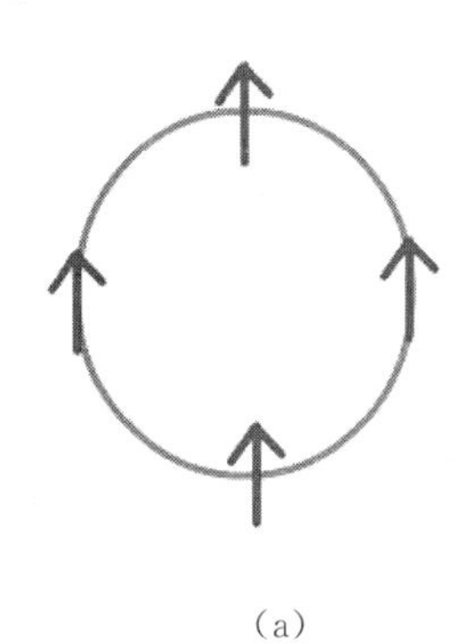

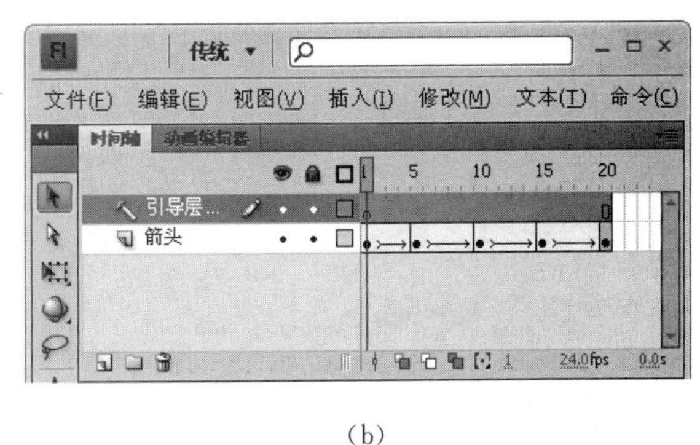

(a)　　　　(b)

图 14-4　运动轨迹及时间轴

4. 制作鼠标跟随效果

(1) 新建一个白色背景,大小为“600×450”像素的文件。

(2) 制作图案。设置填充色为“红色”,单击“椭圆工具”按钮,按住[Shift]键在舞台中部绘制一个直径为 20 像素的圆。单击“选择工具”按钮,选中圆的边框,按[Del]键删除边框。按住[Ctrl]键,拖动原图复制一个圆,设置填充色为“橙色”,移动到红色圆的右边。用同样的方法分别生成红、橙、黄、绿、蓝、青、紫色的圆,如图 14-5 所示。

(3) 单击“编辑|全选”命令,选中所有图案。单击“修改|转化为元件”命令(或单击[F8]键),将其转换为影片剪辑,命名为“鼠标尾巴”。在属性面板中将“鼠标尾巴”的实例命名为“Tail_mc”。

(4) 打开库面板,选中“鼠标尾巴”,按[F8]键再次将它转换为元件,命名为“鼠标拖动动画”。这样,“鼠标尾巴”元件就被包含在“鼠标拖动动画”之内。

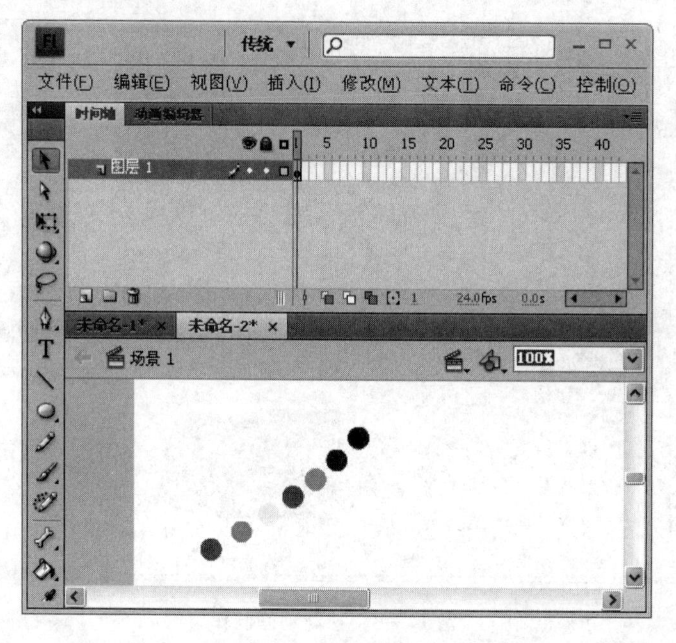

图 14-5 绘制图形

(5) 在库面板中选中“鼠标拖动动画”元件，打开动作面板输入以下代码：

```
onClipEvnt(load)  {
//初始化变量
StartSize = 20;
MaxStep = 20;
SizeIncrement = 15;
//复制尾巴符号
For(var i = 1;i< = MaxStep;i + + )  {
  duplicateMovieClip (Tail_mc,"Tail" + i,i);
  with(eval("Tail" + i)){
    _xscale = StartSize + (i * SizeIncrement) ;
    _yscale = StratSize + (i * SizeIncrement) ;
    _alpha = 100-(100/MaxStep) * (i-1);
  }
}
//隐藏原始的符号;
Tail_mc._visible = false;
}
on ClipEvent(enterFrame)  {
//让第一个符号跟着鼠标移动
Tail1._x = _xmouse;
Tail1._y = _ymouse;
//让其他符号跟着前一个符号移动
For(var  i = 2;i< = MaxStep i + + ) {
  Temp = eval("Tail" + 1);
  Temp._x + = (eval("Tail" + (i + 1))._x-Temp._x)/2;
```

```
    Temp._y+=(eval("Tail"+(i+1))._y-Temp._y)/2;    }
}
```

(6) 测试影片效果。

四、思考与练习

1. 在舞台中导入一张玻璃杯图片,使用时间轴特效功能制作玻璃杯的打碎效果。

2. 如何设置按钮、影片剪辑和关键帧的动作?

3. 制作如图 14-6 所示的曲线图形,选用( )最合适?

A. 铅笔工具　　B. 钢笔工具　　C. 笔刷工具　　D. 套索工具

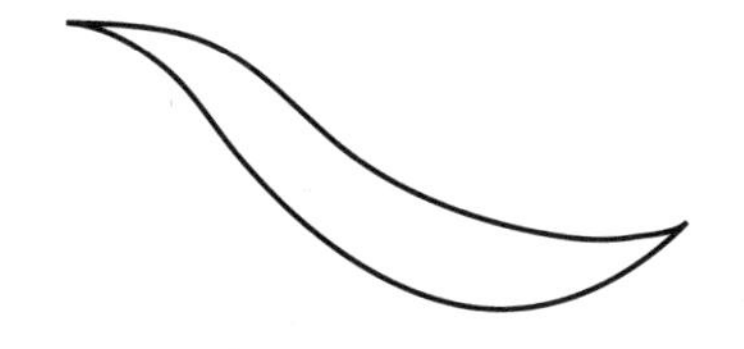

图 14-6　曲线图形

4. 用一张蝴蝶素材的图片制作一个蝴蝶展翅的动画,要求如下。

(1) 新建文件,设置舞台大小"400×300"像素。

(2) 新建元件,命名为"蝴蝶",设置行为方式为影片剪辑。

(3) 导入蝴蝶图像。单击"修改|变形|缩放与旋转"命令,在弹出的对话框中输入合适的缩放百分比,调整到合适大小;移动位置,使蝴蝶头部对齐符号的"+"号。

(4) 将图层 1 改名为"身体"。按[Ctrl]+[B]组合键将蝴蝶打散。使用魔棒工具,在选项栏设置阈值(10)。单击蝴蝶背景部分,将背景删除。

(5) 用套索工具选取左翅,单击"修改|转换为元件"命令,命名为"左翅",修改该元件中心如图 14-7 所示。用相同方法将右翅转换为元件。

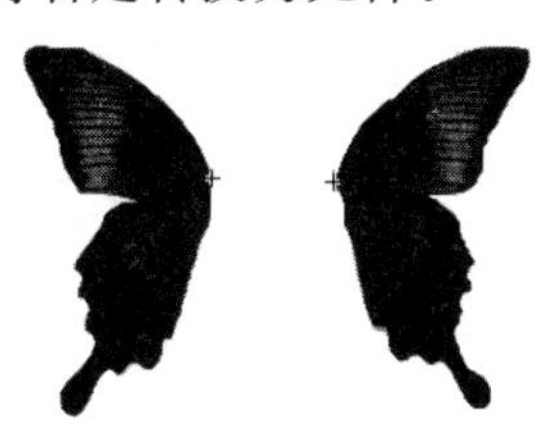

图 14-7　修改左右翅元件中心

(6) 新建两个图层,分别命名为"左翅""右翅"。

(7) 选择左翅元件,单击"编辑|剪切"命令,选中左翅图层第 1 帧,单击"编辑|粘贴到当前位置"命令。用相同方法将右翅粘贴到对应图层的第 1 帧。

(8) 分别在左、右翅图层的第 10、20 帧插入关键帧,身体图层的第 20 帧插入关键帧。单击第 10 帧的左翅/右翅,在属性栏中设置"宽度"为"10",如图 14-8 所示。分别在第 10、20 帧右击,从快捷菜单中选择"创建补间动画"选项。

(9) 将蝴蝶元件拖入场景。

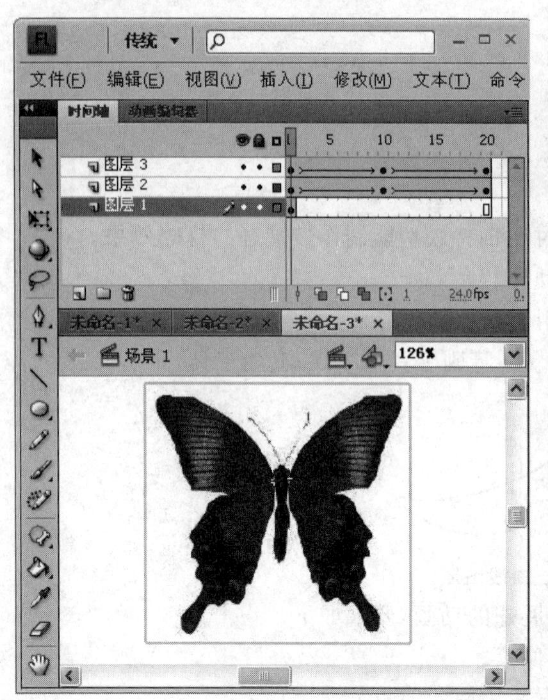

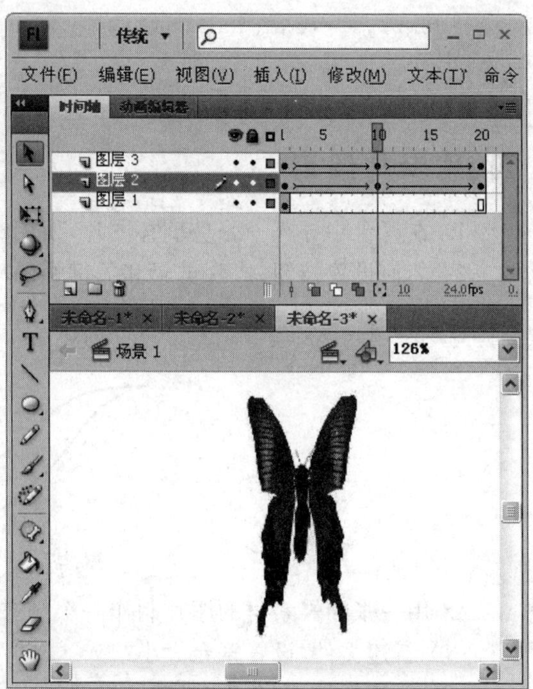

图 14－8　播放头在第 1 帧和第 9 帧的图像

实验 15　顺序表的建立与基本操作

一、实验目的

1. 通过实验，掌握顺序表的建立与输出。
2. 通过实验，掌握顺序表的插入、删除、查找等操作。

二、实验内容

1. 创建基于字符界面的 C++程序，具有简单的交互功能，如提醒用户输入顺序表的长度及元素、提供顺序表基本操作选项界面等。

2. 根据用户的输入，建立并输出顺序表。

3. 编写代码，实现顺序表的插入、删除、查找等操作。根据用户选择，执行相应的操作。

三、实验步骤

1. 顺序表的建立与输出

(1) 编写代码。

打开记事本并输入下列代码：

```
//顺序表的建立与操作.cpp :

# include < iostream.h>

int main(int argc, char*  argv[ ])
{
    int a[100];
    int maxlen;
    int len;
    int i;
    cout< < "请输入要创建的顺序表长度(最大为 100) :";
    cin> > maxlen;
    cout< < "请输入要创建的顺序表的元素(输入-1 时结束) :"< < endl;
    len= 0;
    cin> > i;
    while(len< maxlen && i! = -1 )
    {
        a[len]= i;
        len+ + ;
        cin> > i;
    }
```

```
    cout< < "输入结束。"< < endl;

    cout< < "下面将在屏幕中输出刚才创建的顺序表。"< < endl;
    for(i= 0;i< len;i+ + )
    cout< < a[i]< < "\t ";
    cout< < endl< < endl;

    int oper;          //操作类型
    int pos,val;
    while(1)
  {
        cout< < "\t\t 顺序表基本操作列表:"< < endl< < endl;
        cout< < "\t\t 插入新元素:1"< < endl;
        cout< < "\t\t 删除元素:2"< < endl;
        cout< < "\t\t 查找指定位置的元素的值:3"< < endl;
        cout< < "\t\t 退出:0"< < endl< < endl;
        cout< < "\t\t 请选择要进行的操作:";
        cin> > oper;
        if(oper= = 0)break;

        switch(oper)
        {
        case 1:
            //请在此处添加插入新元素的代码
            break;
        case 2:
            //请在此处添加删除元素的代码
            break;
        case 3:
            //请在此处添加查找代码
            break;
        default:
        cout< < "没有此选项,请重新输入。"< < endl< < endl;
    }
    cout< < "操作后的顺序表如下所示:"< < endl;
    for(i= 0;i< len;i+ + )
        cout< < a[i]< < "\\t ";
    cout< < endl< < endl;
   }
  return 0;
}
```

(2) 保存代码。

单击"文件|保存"命令,在保存类型中选择"所有文件",输入"顺序表.cpp",单击【确定】按钮。

（3）编译并运行程序。

打开 VC++6.0 程序，单击“File|Open”命令，在打开对话框中，找到“顺序表.cpp”，单击【OK】按钮，按[F7]键，编译源代码，按[Ctrl]+[F5]组合键运行，结果如图 15－1 所示。

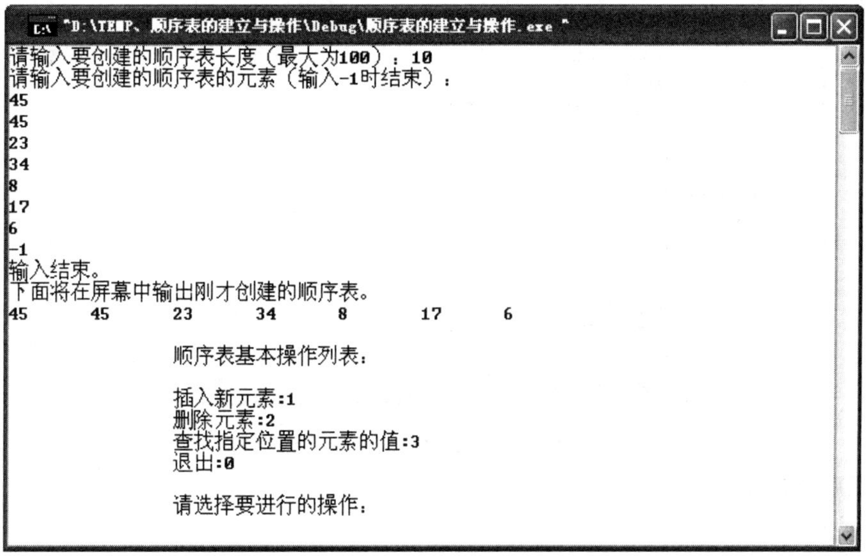

```
"D:\TEMP、顺序表的建立与操作\Debug\顺序表的建立与操作.exe"
请输入要创建的顺序表长度（最大为100）：10
请输入要创建的顺序表的元素（输入-1时结束）：
45
45
23
34
8
17
6
-1
输入结束。
下面将在屏幕中输出刚才创建的顺序表。
45      45      23      34      8       17      6

                顺序表基本操作列表：

                插入新元素:1
                删除元素:2
                查找指定位置的元素的值:3
                退出:0

                请选择要进行的操作：
```

图 15－1　顺序表的建立与输出示意图

2. 顺序表的插入操作

（1）编写代码。

用 VC++6.0 打开“顺序表.cpp”，在“//请在此处添加插入新元素的代码”处输入下列代码：

```
cout< < "请输入要插入的新元素的值及其位置:";
cin> > pos> > val;
if (pos< 0)pos= 0;          //如果插入位置小于 0,则插入到最前
if (pos> len )              //如果插入位置大于顺序表长度,则插入到最后
{
    a[len]= val;
    len+ + ;                //顺序表长度增一
    break;
}
for(i= len;i> pos;i--)
    a[i]= a[i-1];           //顺序后移插入点后所有元素
a[pos]= val;                //在插入点插入新元素
len+ + ;                    //顺序表长度增一
```

（2）保存代码。

单击“File|Save”命令，保存源代码。

（3）编译并运行程序。

按[F7]键，编译源代码，按[Ctrl]+[F5]组合键编译并运行程序，运行结果如图 15－2 所示。

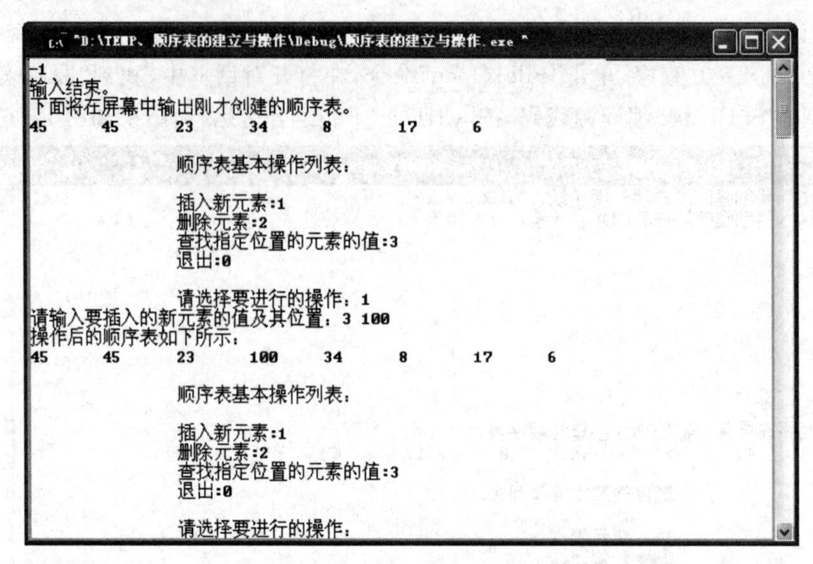

图 15-2 顺序表的插入新元素后示意图

3. 顺序表的删除操作

(1) 编写代码。

用 VC++6.0 打开“顺序表.cpp”，在“//请在此处添加删除元素的代码”处输入下列代码：

```
cout< < "请输入要删除的元素的序号:";
cin> > pos;                    //如果待删除元素的序号小于 0,或大于顺序表长度
if (pos< 0 || pos > = len)break;           //不执行任何操作
for(i= pos;i< len-1;i+ + )
    a[i]= a[i+ 1];             //顺序前移删除点后所有元素
len--;                         //顺序表长度减一
```

(2) 保存代码。

单击“File|Save”命令，保存源代码。

(3) 编译并运行程序

按[F7]键，编译源代码，按[Ctrl]+[F5]组合键编译并运行程序，运行结果如图 15-3 所示。

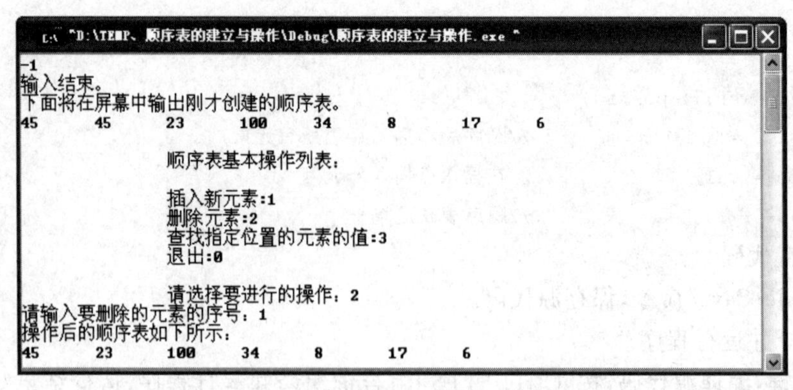

图 15-3 顺序表删除指定元素后结果示意图

4. 顺序表的查找操作

(1) 编写代码。

用 VC++6.0 打开“顺序表.cpp”,在“//请在此处添加查找代码”处输入下列代码:

```
cout< < “请输入要查找的元素的值:”;
cin> > val;
pos= -1;
for(i= 0;i< len;i+ + )      //顺序比较表中每个元素
    if(a[i]= = val)
    {
        pos= i;              //找到,就返回元素所在的位置值
        break;
    }
if(pos> -1 )
    cout< < “待查找元素是列表中第”< < pos< < “个。”< < endl< < endl;
else
    cout< < “列表中没有该元素。”< < endl< < endl;
```

(2) 保存代码

单击“File|Save”命令,保存源代码。

(3) 编译并运行程序

按[F7]键,编译源代码,按[Ctrl]+[F5]组合键编译并运行程序,运行结果如图 15-4 所示。

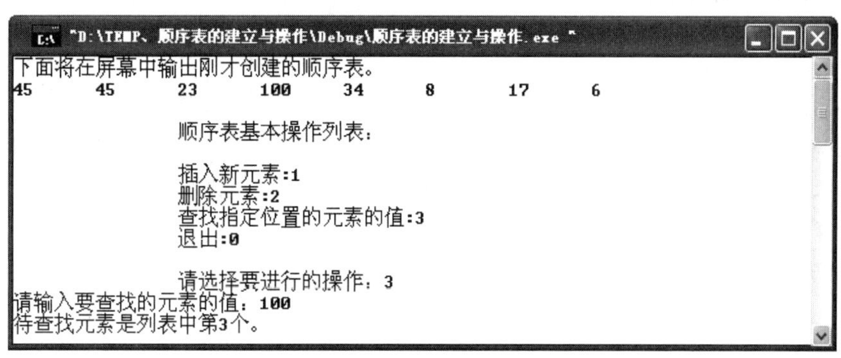

图 15-4 顺序表的查找示意图

四、思考与练习

1. 根据源代码,分析顺序表的插入、删除操作的时间复杂度。
2. 编程实现线性表的链式存储。

实验 16　排序算法验证与设计

一、实验目的

1. 掌握排序算法。
2. 比较各种排序算法的性能。

二、实验内容

1. 编写 C++程序,能生成指定长度的随机整数序列。
2. 练习用冒泡法对生成的随机整数序列进行排序。
3. 练习用简单插入法对生成的随机整数序列进行排序。

三、实验步骤

1. 生成随机序列

(1) 编写代码。

打开记事本并输入下列代码:

```
//排序算法练习.cpp

# include < iostream.h>
# include < stdlib.h>
# include < time.h>

int main(int argc, char*  argv[ ])
{
    int a[100];
    int maxlen;
    int i;
    cout< < "请输入要创建的顺序表长度(最大为 100) :";
    cin> > maxlen;

    //随机生成顺序表的元素值
    srand ((unsigned)time(NULL ));
    for(i= 0;i< maxlen;i+ + )
        a[i]= rand ( );

    cout< < "下面将在屏幕中输出刚才创建的顺序表。"< < endl;

    for(i= 0;i< maxlen;i+ +  )
```

```
        cout< < a[i]< < "\t ";
    cout< < endl< < endl;

    int oper;
    int temp;

    while(1 )
    {
        cout< < "\t\t 排序操作列表:"< < endl< < endl;
        cout< < "\t\t 冒泡排序:1"< < endl;
        cout< < "\t\t 简单插入排序:2"< < endl;
        cout< < "\t\t 退出:0"< < endl< < endl;
        cout< < "\t\t 请选择要进行的排序操作:";
        cin> > oper;
        if(oper= = 0 )break;

        switch(oper)
        {
        case 1:
            //请在此处添加冒泡排序法的代码
            break;
        case 2:
            //请在此处添加简单插入排序的代码
            break;

        default:
        cout< < "没有此选项,请重新输入。"< < endl< < endl;
        }

        cout< < "操作后的顺序表如下所示:"< < endl;
        for(i= 0;i< maxlen;i+ + )
            cout< < a[i]< < "\t ";
        cout< < endl< < endl;
        }
        return 0;
}
```

(2) 保存代码。

单击"文件|保存"命令,在保存类型中选择"所有文件",输入"排序算法练习.cpp",单击【确定】按钮。

(3) 编译并运行程序。

打开 VC++6.0,单击"File|Opcn"命令,在打开对话框中找到"排序算法练习.cpp",单击【OK】按钮。按[F7]键,编译源代码,按[Ctrl]+[F5]组合键运行,结果如图 16-1 所示。

"D:\TEMP、顺序表的建立与操作\Debug\顺序表的建立与操作.exe"

请输入要创建的线性表长度（最大为100）：30
随机生成的待排序线性表如下：

17876	5318	1021	29734	13428	8860	26267	23594	12294	27460
22472	12147	10490	29249	3723	17468	27306	11089	28217	29911
6449	20723	4840	19022	16769	1063	549	14921	12208	6517

图 16-1　生成长度为 30 的随机序列结果图

2. 冒泡法排序

(1) 编写代码。

用 VC++6.0 打开"排序算法练习.cpp"，在"//请在此处添加冒泡排序法的代码"处输入下列代码：

```
//冒泡排序
for(i= maxlen-1;i> = 0;i- - )
    for(int j= 0;j< i;j+ + )
    {
        if(a[j]> a[j+ 1])
        {
            temp= a[j];
            a[j]= a[j+ 1];
            a[j+ 1]= temp;
        }
    }
```

(2) 保存代码。

单击"File|Save"命令，保存源代码。

(3) 编译并运行程序。

按[F7]键，编译源代码，按[Ctrl]+[F5]组合键编译并运行程序，运行结果如图 16-2 所示。

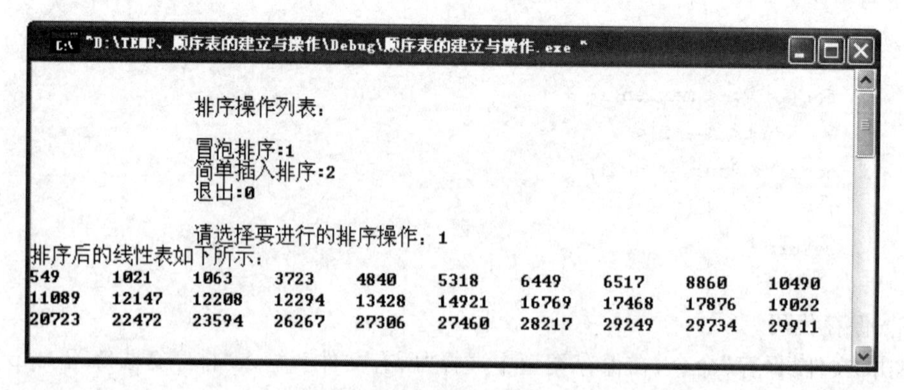

图 16-2　对上述随机序列进行冒泡排序的结果图

3. 简单插入排序

(1) 编写代码。

用 VC++6.0 打开"排序算法练习.cpp"，在"//请在此处添加简单插入排序的代码"处输入下列代码：

```
//简单插入排序
int pos;
for(i= 0;i< maxlen;i+ + )
{
    temp= a[i];                 //待插入已有序表中的元素
    pos= i;                     //初始化插入位置
    for(int j= i-1;j> = 0;j--)          //从后向前比较待插入元素与有序表各元素值的大小
    {
        if(temp< a[j])          //如果待插入元素的值比有序表当前元素值的值小
        {
            a[j+ 1]= a[j];      //将有序表当前元素后移一位
            pos= j;             //获得待插入元素的位置
        }
        else
            break;
    }
    a[pos]= temp;               //将待插入元素插入有序表中
}
```

(2) 保存代码。

单击“File|Save”命令，保存源代码。

(3) 编译并运行程序

按[F7]键，编译源代码，按[Ctrl]+[F5]组合键编译并运行程序，运行结果如图 16－3 所示。

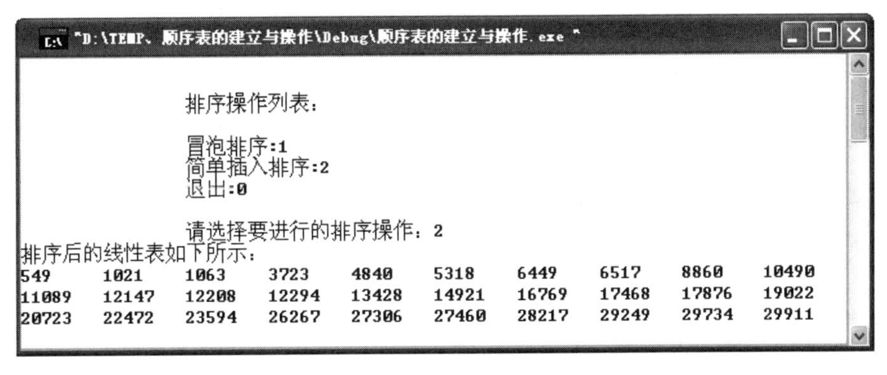

图 16－3 对上述随机序列进行简单插入排序的结果图

四、思考与练习

1. 请参照本实验中的两种排序法，实现其他排序算法。

2. 取 $N(N\geqslant 1\,000)$ 个数据，在各种排序方法中选择 3～5 种对这 N 个数据进行排序，并对你所用的排序方法进行时间复杂度的分析。

3. 对上面已排序的 N 个数据进行查找，至少用两种查找算法实现(其中静态查找至多选一种)，并计算出所用查找算法的平均查找长度。

第二部分
知识巩固与上机操作

实验 17　Windows 7 基本操作

一、知识点

1. 新建文件夹

(1) 在指定文件夹中，右键单击窗口空白处，弹出快捷菜单，单击“新建|文件夹”命令。

(2) 输入文件夹名。

(3) 单击窗口空白处，完成操作。

2. 新建文件

(1) 在指定文件夹中，右键单击窗口空白处，弹出快捷菜单，单击“新建”命令，在弹出的二级菜单中选择任意一个文件，如“文本文档”。

(2) 窗口中出现一个新的文本文档，输入文件夹名和后缀名。

3. 删除文件/文件夹

(1) 在指定文件夹中，选定要删除的文件/文件夹。

(2) 直接按键盘上的[Delete]键，或右键单击文件/文件夹，在弹出的快捷菜单中单击“删除”命令。

(3) 弹出“确认删除文件夹”对话框，单击【是】按钮即可完成操作。

4. 文件/文件夹重命名

(1) 选定要重命名的文件/文件夹。

(2) 按[F2]键，或右键单击文件/文件夹，在弹出的快捷菜单中单击“重命名”命令。

(3) 直接输入新名称，单击窗口空白处，完成操作。

5. 文件/文件夹的复制

(1) 进入源文件/文件夹所在的文件夹。

(2) 选定文件/文件夹。

(3) 按[Ctrl]+[C]组合键。

(4) 进入目的文件夹。

(5) 按[Ctrl]+[V]组合键。

6. 文件/文件夹的移动

(1) 进入源文件/文件夹所在的文件夹。

(2) 选定文件/文件夹。

(3) 按[Ctrl]+[X]组合键。

(4) 进入要粘贴的文件夹。

(5) 按[Ctrl]+[V]组合键。

7. 文件/文件夹属性设置

(1) 选定文件/文件夹。

(2) 右键单击文件/文件夹，在弹出的快捷菜单中单击“属性”命令。

(3) 弹出“属性”对话框，在“常规”选项卡中按题目具体要求勾选或取消“只读”“隐藏”属性。

(4) 单击【确定】按钮完成操作。

二、上机操作题

练习一

(1) 在D盘根目录中创建文件夹“XNXY”。

(2) 在“XNXY”文件夹下创建子文件夹“USER1”。

(3) 将C盘根目录下所有文件复制到子文件夹“USER1”。

(4) 将子文件夹“USER1”中第1、第3个文件移动到子文件夹“XNXY”。

(5) 将子文件夹“XNXY”中的第1个文件改名为“abc”。

(6) 将子文件夹“XNXY”中的第2个文件删除。

练习二

(1) 在C盘创建“USER子”目录，并在该子目录下创建子目录“USERG”。

(2) 在D盘中查找扩展名为“.sys”的文件，并将其复制到子目录“USERG”中。

(3) 在D盘中查找扩展名为“.com”的文件，并将其复制到子目录“USER”中。

(4) 将“C:\USER”中的文件移到“D:\USER\USERG”中。

(5) 删除子目录“C:\USER\USERG”及其中的文件。

练习三

(1) 启动资源管理器。

(2) 选择文件和文件夹的操作。

(3) 创建子目录“D:\mydir”。

(4) 将“C:\Windows”目录下的所有可执行文件复制到“D:\mydir”中。

(5) 将“D:\mydir”子目录改名为“D:\mydir0”。

(6) 利用“计算机”查看C盘上的内容，并用详细资料方式查看。

(7) 将C盘上的内容按“文件名”方式排序。

(8) 将“D:\mydir0”中的任意3个文件放入回收站中。

(9) 将放入回收站里的文件中的2个删除，另1个还原。

实验18 Microsoft Word 2010基本操作

一、知识点

1. 基本操作

(1) 打开Word 2010文件。

方法一:双击要打开的Word 2010文件的文件名,系统会自动启动Word 2010程序(前提是系统已经安装Word 2010软件),并打开该文件。

方法二:启动Word 2010后,单击【文件】按钮,在下拉菜单中选择"打开"命令,弹出"打开"对话框,设置文件的路径,选中对话框中要打开的Word 2010文件,单击对话框中【打开】按钮。

(2) 新建Word 2010文件。

启动Word 2010后,单击【文件】按钮,在下拉菜单中选择"新建"命令,在可用模板中选择"空白文档",然后在右边预览窗口下单击【创建】按钮。

(3) 保存Word 2010文件。

① 文档编辑完毕、检查无误后,单击【文件】按钮,在下拉菜单中选择"另存为"命令,弹出"另存为"对话框,设置保存位置、文件名,单击【确定】按钮。

② 对已经正确保存过的文件,直接单击【文件】按钮,在下拉菜单中选择"保存"命令即可。

(4) 插入Word 2010文件。

① 将光标移到要插入文件的位置。

② 单击"插入"选项卡"文本"组中的"对象"按钮下拉箭头,选择"文件中的文字"命令,弹出"插入文件"对话框,设置插入文件的位置,选中该文件,单击【确定】按钮。

(5) 复制、删除文档。

① 选定要复制的文档内容。

② 按[Ctrl]+[C]组合键复制。

③ 将光标移动到要粘贴的地方,按[Ctrl]+[V]组合键粘贴。

删除文件的方法是选定文档内容后,直接按[Delete]键删除。

2. 替换

(1) 单击"开始"选项卡"编辑"组中的"替换"按钮。

(2) 弹出"查找和替换"对话框,在"查找内容"框中输入查找内容,在"替换为"框中输入要替换的内容。

(3) 如需对"查找内容"或"替换为"进行高级设置,可以将鼠标光标置于"查找内容"或"替换为"框中,单击【更多】按钮,弹出拓展的对话框,在【格式】和【特殊格式】按钮中一一设置。

3. 文字格式设置

(1) 字体格式。

① 选定要设置格式的文字。

② 单击“开始”选项卡“字体”组右下角的对话框启动器。

③ 弹出“字体”对话框，设置中英文的字体、字号、字形、效果、下画线、文字颜色等。

(2) 文字底纹。

① 选定要设置格式的文字。

② 单击“开始”选项卡“段落”组中“下框线”按钮的下拉箭头，选择“边框和底纹”命令。

③ 弹出“边框和底纹”对话框，选择“底纹”选项卡，设置文字底纹等。

4. 段落格式设置

涉及段落格式设置的操作大致有以下5项。

(1) 段落对齐。

(2) 行距。

(3) 特殊格式(首行缩进、悬挂缩进)。

(4) 段前/后间距。

(5) 左/右缩进。

单击“开始”选项卡“段落”组右下角的对话框启动器，弹出“段落”对话框，在对话框中一一设置即可。

5. 特殊格式设置

(1) 项目符号和编码。

① 首先选定要设置项目符号和编号的段落。

② 单击“开始”选项卡“段落”组中的“项目符号”按钮和“编号”按钮的下拉箭头，设置合适的项目符号和编号。

(2) 分栏。

① 首先选定要设置分栏的段落。

② 单击“页面布局”选项卡“页面设置”组中的“分栏”按钮的下拉箭头，选择“更多分栏”命令，弹出“分栏”对话框。

③ 一一设置栏数、栏间距、栏宽和分隔线。

(3) 首字下沉。

① 首先选定要设置首字下沉的段落。

② 单击“插入”选项卡文本组中的“首字下沉”按钮的下拉箭头，选择“首字下沉选项”命令，弹出“首字下沉”对话框。

③ 一一设置位置、字体、下沉行数和距正文尺寸。

6. 表格设置

(1) 新建表格。

① 将光标置于要插入表格的地方。

② 单击“插入”选项卡“表格”组中的“表格”按钮的下拉箭头，选择“插入表格”命令。

③ 弹出“插入表格”对话框，设置行数和列数。

(2) 设置行高列宽。

① 选定要设置行高列宽的行、列。

② 在“表格工具”选项卡中单击“布局”标签，在“单元格大小”组中的“高度”和“宽度”数值框中设置行高和列宽。

也可以在右键快捷菜单中选择“表格属性”命令，弹出“表格属性”对话框，在“行”和“列”选项卡中设置行高、列宽，注意行高值选择“固定值”。

(3) 插入、删除列/行。

① 选定某列。

② 在“表格工具”选项卡中单击“布局”标签，在“行和列”组中选择相应的命令。

也可以在右键快捷菜单中选择对应命令进行操作。

(4) 拆分、合并单元格。

① 选定要拆分的单元格。

② 在“表格工具”选项卡中单击“布局”标签，在“合并”组中选择“拆分单元格”按钮。

③ 弹出“拆分单元格”对话框，设置拆分后的行数和列数。

④ 合并单元格的方法类似，不同的是在“合并”组中选择“合并单元格”命令。

(5) 设置边框线和底纹。

① 选定要设置的单元格。

② 在“表格工具”选项卡中单击“设计”标签，在“表格样式”组中单击“边框”按钮 边框 的下拉箭头，选择“边框和底纹”命令。

③ 弹出的“边框和底纹”对话框，在“边框”选项卡中设置线型、宽度和颜色，设置为外框线。

④ 单击“自定义”按钮之后，再重新设置一遍线型、宽度和颜色，然后用鼠标一一单击“预览区”中表格的内框线。

⑤ 在“底纹”选项卡中设置相应的底纹效果。

(6) 设置文字水平对齐和垂直对齐方式

① 选定要设置的单元格。

② 在“表格工具”选项卡中单击“布局”标签，在“对齐方式”组中选择需要的对齐方式或者单击鼠标右键弹出快捷菜单，选择“单元格对齐方式”命令，弹出扩展菜单，选择相应的对齐方式。

水平对齐方式还可以通过“开始”选项卡“段落”组中的相应按钮设置，垂直对齐方式也可以在选定表格内容后，在“表格工具”选项卡中单击“布局”标签，在“表”组中单击“属性”按钮，弹出“表格属性”对话框，在“单元格”选项卡“垂直对齐方式”栏中设置。

7. 表格数据处理

(1) 数据计算。

在计算一列或一行数据的总计、平均值时，可以使用表格的公式功能。

① 将光标置于存放计算结果的单元格中。

② 在“表格工具”选项卡中单击“布局”标签，在“数据”组中单击“公式”按钮 *fx* 。

③ 在弹出的“公式”对话框中输入公式。公式格式为“＝SUM(LEFT)”，其中 SUM 是函数名，表示求和；LEFT 是函数的参数，表示选定单元格左侧的所有单元格数据。常用的还有求平均值函数 AVERAGE。参数还有 RIGHT(右侧)、ABOVE(上方)、BELOW(下方)。最后单击【确定】按钮。

(2) 排序。

① 排序的第一步是选中全表或将光标置于表中。

② 在“表格工具”选项卡中单击“布局”标签,在“数据”组中单击“排序”按钮 A↓Z。

③ 弹出“排序”对话框,设置“排序依据”“类型”和“升序”或“降序”。

(3) 文字转换成表格。

① 将每一行需要分在不同列的文字之间用空格隔开。

② 选定要转成表格的内容,单击“插入”选项卡“表格”组中的“表格”按钮的下拉箭头,选择“文本转换成表格”命令。

③ 打开“将文字转换成表格”对话框,设置“文字分隔位置”为“空格”,列数为“3”列,单击【确定】按钮。

二、上机操作题

练习一

1. 样文

绍兴东湖

东湖位于绍兴市东郊约3千米处,北靠104国道,西连城东新区,它以其秀美的湖光山色和奇兀实景而闻名,与杭州西湖、嘉兴南湖并称为浙江三大名湖。整个景区包括陶公洞、听湫亭、饮渌亭、仙桃洞、陶社、桂林岭等游览点。

东湖原是一座青实山,从汉代起,实工相继在此凿山采实,经过一代代实工的鬼斧神凿,遂成险峻的悬崖峭壁和奇洞深潭。清末陶渊明的45代孙陶浚宣陶醉于此地之奇特风景而诗性勃发,便筑堤为界,使东湖成为堤外是河,堤内为湖,湖中有山,山中藏洞之较完整景观。又经过数代百余年的装点使东湖宛如一个巧夺天工的山、水、实、洞、桥、堤、舟楫、花木、亭台楼阁具全,融秀、险、雄、奇于一体的江南水实大盆景。特别是现代泛光照射下之夜东湖,万灯齐放,流光溢彩,使游客置身于火树银花不夜天之中而流连忘返。

2. 要求

(1) 将标题段文字设置为二号蓝色空心黑体、倾斜、居中;字符间距加宽2磅,文字效果为乌龙绞柱。

(2) 将文中所有“实”改为“石”;在页面底端居中位置插入页码。

(3) 设置正文第1段左缩进3字符,悬挂缩进2字符,段前间距0.5行,段后间距1.24行,1.5倍行距;首字下沉2行。

(4) 第1段后插入一张剪贴画(搜索“风景”,选择“j0435558.wmf”),并设置图片格式为大小缩放50%,四周型环绕,置于段落右侧。

(5) 正文第2段首行缩进2字符,1.3倍行距,左对齐;分3栏显示,加分隔线。

(6) 正文第2段中“流光溢彩”四字设置为幼圆、蓝色、加粗;加方框,方框为红色、1.5磅;加底纹,底纹为灰色-15%。

3. 最终效果

最终效果如图 18－1 所示。

绍兴东湖

东湖位于绍兴市东郊约 3 千米处，北靠 104 国道，西连城东新区，它以其秀美的湖光山色和奇兀石景而闻名，与杭州西湖、嘉兴南湖并称为浙江三大名湖。整个景区包括陶公洞、听湫亭、饮渌亭、仙桃洞、陶社、桂林岭等游览点。

东湖原是一座青石山，从汉代起，石工相继在此造山采石，经过一代代石工的鬼斧神凿，遂成险峻的悬崖峭壁和奇洞深潭。清末陶渊明的 45 代孙陶浚宣陶醉于此地之奇特风景而诗性勃发，便筑堤为界，使东湖成为堤外是河，堤内为湖，湖中有山，山中藏洞之较完整景观。又经过数代百余年的装点使东湖宛如一个巧夺天工的山、水、石、洞、桥、堤、舟楫、花木、亭台楼阁具全，融秀、险、雄、奇于一体的江南水石大盆景。特别是现代泛光照射下之夜东湖，万灯齐放，流光溢彩，使游客置身于火树银花不夜天之中而留连往返。

图 18－1　Word 2010 练习一最终效果图

练习二

1. 样文

鸟巢水立方褪下“外衣”

昨日 20 时 30 分，鸟巢的灯光熄灭了，水立方的灯光熄灭了，同时熄灭灯光的还有国家大剧院、银泰大厦……这是“地球一小时”活动的一部分，全球 84 个国家和地区超过 3 000 个城市和村镇在 20 时 30 分熄灯，以实际行动呼吁节约能源、减少温室气体排放。当天，从新西兰东岸查塔姆群岛开始，参与这一活动的全球各地将按照各自所处时区不同相继熄灯。从澳大利亚悉尼歌剧院，到美国“赌城”拉斯维加斯的赌场；从中国北京的国家体育场“鸟巢”，到英国伦敦的“伦敦眼”；从埃及吉萨金字塔，到法国巴黎的埃菲尔铁塔，全球多个地标性建筑都熄灯了。

今年的“关灯”行动已经是第三次了，也是中国第一次有组织、大规模地参与。北京的鸟巢、水立方等标志性建筑以及一些企业和小区居民自愿“关灯”。在 20 时 30 分，北京电网负荷实时监测系统显示，此时北京地区用电负荷比正常负荷降低 7 万千瓦左右。业内人士分析说，北京去年夏天的最大负荷是 1 248 万千瓦，7 万千瓦这个变化对整个电网来说，是一个非常微小的变化。但这一数字反映了公众对节能的关注。

2. 要求

（1）将标题段文字设为艺术字，样式为艺术字库中的第 2 行第 3 列，华文行楷，字号 28，上下型环绕，下方距正文 0.6 厘米，居中对齐，艺术字形状为陀螺形。

（2）设置正文第 1 段为楷体、小四、倾斜；左缩进 2.5 字符，右缩进 2.5 字符，首行缩进 2

字符，1.3倍行距，分散对齐。

(3) 正文第2段设置为宋体、小四、加粗；首行缩进2字符，段前间距0.5行；加青色、1.5磅宽的阴影方框；第2段添加底纹，图案样式为12.5%，图案颜色为浅青绿色。

(4) 正文中“鸟巢”两字的格式替换为隶书、红色、加单波浪下画线。

(5) 正文第2段中“但这一数字反映了公众对节能的关注。”改为繁体，位置提升2.6磅，文字效果为礼花绽放。

3. 最终效果

最终效果如图18-2所示。

昨日20时30分，鸟巢的灯光熄灭了，水立方的灯光熄灭了，同时熄灭灯光的还有国家大剧院、银泰大厦……这是“地球一小时”活动的一部分，全球84个国家和地区超过3000个城市和村镇在20时30分熄灯，以实际行动呼吁节约能源、减少温室气体排放。当天，从新西兰东岸查塔姆群岛开始，参与这一活动的全球各地将按照各自所处时区不同相继熄灯。从澳大利亚悉尼歌剧院，到美国“赌城”拉斯维加斯的赌场；从中国北京的国家体育场“鸟巢”，到英国伦敦的“伦敦眼”；从埃及吉萨金字塔，到法国巴黎的埃菲尔铁塔，全球多个地标性 建 筑 都 熄 灯 了 。

今年的“关灯”行动已经是第三次了，也是中国第一次有组织、大规模地参与。北京的鸟巢、水立方等标志性建筑以及一些企业和小区居民自愿“关灯”。在20时30分，北京电网负荷实时监测系统显示，此时北京地区用电负荷比正常负荷降低7万千瓦左右。业内人士分析说，北京去年夏天的最大负荷是1248万千瓦，7万千瓦这个变化对整个电网来说，是一个非常微小的变化。但這一數字反映了公眾對節能的關注。

图18-2 Word 2010练习二最终效果图

练习三

1. 样表

样表如表18-1所示。

表18-1 用户对宽带服务的建议表

建议	百分比
提高速度	41.7%
费用要合理	24.8%
内容要丰富，减少不健康内容	15.2%
增强稳定性	11.2%
增强安全性	9.1%
提高服务水平	6.3%
提高普及率	4.0%
减少广告和垃圾邮件	2.7%
提高服务商软硬件水平	1.6%
及时更新内容	1.6%
增加专业性内容	1.0%
增加服务商，避免垄断	0.6%

2. 要求

(1) 将样表转换成一个7行4列的表格，其中，第1列、第3列为“建议”，列宽为5厘米；第2列、第4列为“百分比”，列宽为1.5厘米；行高为0.8厘米。

(2) 所有单元格对齐方式为中部居中对齐。

(3) 表格外框线为绿色双实线，线宽1.5磅；第一行下框线为黑色单实线，线宽1.5磅；其余内框线为黑色单实线，线宽1磅。

(4) 表格第1行字体设为小四号，楷体，红色、加粗、添加浅青绿色底纹，10%图案样式。

3. 最终效果

最终效果如图18-3所示。

建议	百分比	建议	百分比
提高速度	41．7%	提高普及率	4．0%
费用要合理	24．8%	减少广告和垃圾邮件	2．7%
内容要丰富，减少不健康内容	15．2%	提高服务商软硬件水平	1．6%
增强稳定性	11．2%	及时更新内容	1．6%
增强安全性	9．1%	增加专业性内容	1．0%
提高服务水平	6．3%	增加服务商，避免垄断	0．6%

图18-3 Word 2010练习三最终效果图

练习四

1. 样表

样表如表18-2所示。

表18-2 上半年销售排名前10位的轿车品牌(单位：万辆)

名称	6月销量	上半年总销量
A	1.25	9.38
B	1.33	8.69
C	1.15	8.54
D	1.54	8.36
E	1.43	8.29
F	0.96	6.59
G	0.89	6.23
H	1.03	5.53
I	0.69	5.34
J	0.79	4.25

2. 要求

(1) 将样表转换成一个11行3列的表格。

(2) 在表格的第1行之前插入一行，合并单元格，并输入文字“上半年销量排名前十位的轿车品牌(单位：万辆)”；设置字体为蓝色，黑体，小四号，添加浅黄色底纹。

(3) 在表格末尾添加一行，并在第一列单元格内输入“合计”二字，在第二列、第三列中分别利用公式计算出相应的合计值。

(4) 设置表格居中,列宽为 4 厘米,行高为 0.7 厘米,表格中所有文字均为水平居中。第 2 行到第 12 行所有文字设置为黑色,楷体,五号。第 13 行文字设置为红色,楷体,五号,加粗。

(5) 设置表格外框线和第一行与第二行之间的内框线为 1.5 磅绿色单实线,其余内框线为 0.5 磅绿色单实线。

3. 最终效果

最终效果如图 18-4 所示。

上半年销量排名前十位的轿车品牌(单位:万辆)		
名称	6月销量	上半年总销量
A	1.25	9.38
B	1.33	8.69
C	1.15	8.54
D	1.54	8.36
E	1.43	8.29
F	0.96	6.59
G	0.89	6.23
H	1.03	5.53
I	0.69	5.34
J	0.79	4.25
合计	11.06	71.2

图 18-4 Word 2010 练习四最终效果图

实验 19　Microsoft Excel 2010 基本操作

一、知识点

1. 基本操作

(1) 合并单元。

① 一次选定要合并的所有单元格。

② 单击“开始”选项卡“对齐方式”组中的“合并后居中”按钮。

(2) 工作表更名。

① 右键单击 Excel 2010 窗口左下侧的工作表标签。

② 弹出快捷菜单,单击“重命名”命令。

③ 此时 Sheet1 标签变成黑底白字状态。

④ 键入新名称。

2. 格式设置

(1) 数字格式。

设置数字格式可以统一为数字更换显示格式。

① 选定要设置格式的单元格。

② 右击,弹出快捷菜单,选择“设置单元格格式”命令。

③ 在弹出的“设置单元格格式”对话框中选择“数字”选项卡,一一设置小数位数、百分比、货币符号等。

(2) 对齐方式。

设置对齐方式最简单的方法是选定单元格后,单击“开始”选项卡“对齐方式”组中相应的对齐方式按钮即可。

也可以在“设置单元格格式”对话框中的“对齐”选项卡中进行设置。

(3) 字符格式。

设置字体、字号、字形、文字颜色的方法和 Word 2010 相同,可通过“开始”选项卡“字体”组中的按钮快速设置,或通过“设置单元格格式”对话框中的“字体”选项卡来详细设置。

(4) 边框设置。

设置框线和设置字体、字号等操作一样,简单的操作是选定单元格后,单击“开始”选项卡“字体”组中的“下框线”按钮的下拉箭头,在下拉菜单中选择相应的框线,但复杂一些的框线设置就必须在对话框中设置了。

① 选定要设置的单元格,右击,在快捷菜单中选择“设置单元格格式”命令。

② 打开“设置单元格格式”对话框,在“边框”选项卡中先设置外边框的框线,在“线条”“颜色”列表框中选择相应的选项。

③ 单击“外边框”按钮,在“预览区”中将显示出外框线的效果。

④ 设置内框的框线，在“线条”“颜色”列表框中选择相应的选项。

⑤ 单击“内部”按钮，可以看到“预览区”中将显示出内框线的效果。

(5) 底纹设置。

单元格底纹可以通过“开始”选项卡“字体”组中的“填充颜色”按钮简单设置；也可以通过“设置单元格格式”对话框中的“填充”选项卡来详细设置。可以在“填充”选项卡“背景色”选择框中选择合适的颜色，还可以在“图案样式”下拉列表框中选择一些纹路图案来填充单元格，纹路图案的颜色在“图案颜色”下拉列表框中设置。

3. 图表

(1) 选定要建立图表的内容后，单击“插入”选项卡“图表”组中对应图表类型的下拉按钮，在下拉列表中选择具体的类型即可。

(2) 将插入到工作表中的图表调整位置放好。

在创建图表之后，还可以对图表进行修改编辑，包括更改图表类型，选择图表布局和图表样式等。这通过“图表工具”选项卡中的相应功能来实现。该选项卡在选定图表后便会自动出现，包括 3 个标签，分别是“设计”“布局”和“格式”。

4. 高级数据处理

(1) 排序。

① 选定要排序的单元格，单击“数据”选项卡“排序和筛选”组中的“排序”按钮。

② 在弹出的“排序”对话框中，设置排序的“主要关键字”“排序依据”“次序”，如果有多个关键字，单击【添加条件】按钮，设置“次要关键字”“排序依据”“次序”，最多可以设置 3 个排序关键字。

也可以通过右键快捷菜单中的“排序”命令进行操作。

(2) 筛选。

① 将光标置于表中，或选定全表。

② 单击“数据”选项卡“排序和筛选”组中的“筛选”按钮。

③ 此时，第一行每个单元格右侧出现一个下拉箭头，单击此箭头，出现下拉菜单，在菜单中选择符合的条件，若没有，则选择“文本筛选”或“数字筛选”中的“自定义筛选”命令。

④ 在弹出的“自定义自动筛选方式”对话框中设置筛选条件，单击【确定】按钮；如果要取消自动筛选功能，再次单击“筛选”按钮；如果要使数据恢复显示，单击“排序和筛选”组中的“清除”按钮。

(3) 分类汇总。

① 将光标置于表中，或选定全表。

② 对分类字段进行排序。

③ 单击“数据”选项卡“分级显示”组中的“分类汇总”按钮。

④ 在弹出的“分类汇总”对话框中设置“分类字段”“汇总方式”“选定汇总项”，单击【确定】按钮。

二、上机操作题

练习一

1. 样表

样表如图 19-1 所示。

	A	B	C	D	E
1	某书店图书销售情况表				
2	图书名称	数量	单价	销售额	销售额排名
3	计算机导论	2090	21.5		
4	程序设计基础	1978	26.3		
5	数据结构	876	25.8		
6	多媒体技术	657	19.2		
7	操作系统原理	790	30.3		

图 19-1　Excel 2010 练习一样表

2. 要求

(1) 将 A1:E1 单元格合并为一个单元格,内容水平居中。

(2) 计算销售额,按销售额的递减顺序给出“销售额排名”列内容(利用 RANK 函数)。

(3) 利用条件格式将 D3:D7 单元格区域内数值小于 40 000 的字体颜色设置为红色。

(4) 将 A2:E7 区域格式设置为自动套用格式“序列 3”。

(5) 选取“图书名称”列和“销售额”列内容建立“柱形圆锥图”,图标题为“销售统计图”,图例置底部;将图插入到表的 A9:E21 单元格区域内,将工作表命名为“销售统计表”。

(6) 保存文件。

3. 最终效果

最终效果如图 19-2 所示。

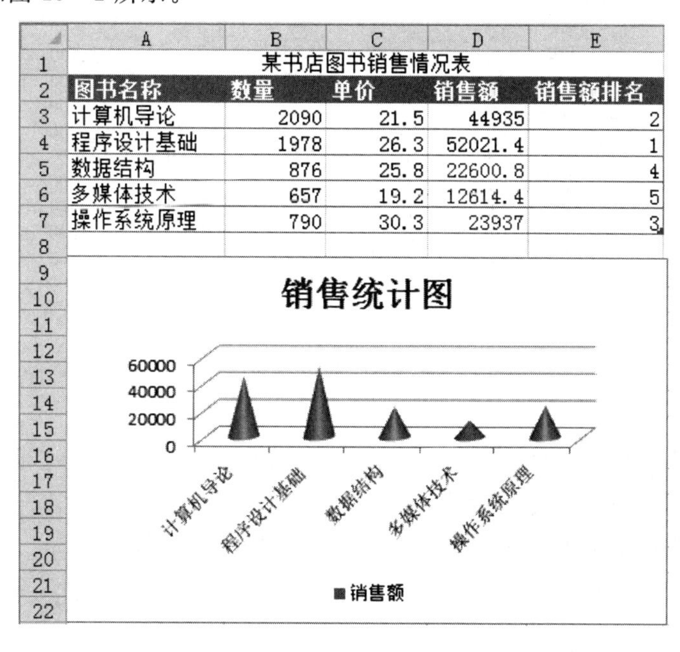

	A	B	C	D	E
1	某书店图书销售情况表				
2	图书名称	数量	单价	销售额	销售额排名
3	计算机导论	2090	21.5	44935	2
4	程序设计基础	1978	26.3	52021.4	1
5	数据结构	876	25.8	22600.8	4
6	多媒体技术	657	19.2	12614.4	5
7	操作系统原理	790	30.3	23937	3

图 19-2　Excel 2010 练习一最终效果图

练习二

1. 样表

样表如图 19－3 所示。

	B	C	D	E	F	G	H
1	某IT公司某年人力资源情况表						
2	部门	组别	年龄	性别	学历	职称	工资
3	工程部	E1	28	男	硕士	工程师	4000
4	开发部	D1	26	女	硕士	工程师	3500
5	培训部	T1	35	女	本科	高工	4500
6	销售部	S1	32	男	硕士	工程师	3500
7	培训部	T2	33	男	本科	工程师	3500
8	工程部	E1	23	男	本科	助工	2500
9	工程部	E2	26	男	本科	工程师	3500
10	开发部	D2	31	男	博士	工程师	4500
11	销售部	S2	37	女	本科	高工	5500
12	开发部	D3	36	男	硕士	工程师	3500
13	工程部	E3	41	男	本科	高工	5000
14	工程部	E2	35	女	硕士	高工	5000
15	工程部	E3	33	男	本科	工程师	3500
16	销售部	S1	37	男	本科	工程师	3500
17	开发部	D1	22	男	本科	助工	2500
18	工程部	E2	37	女	硕士	高工	5000
19	工程部	E1	29	男	本科	工程师	3500
20	开发部	D2	28	男	博士	工程师	4000
21	培训部	T1	42	女	本科	工程师	4000
22	销售部	S1	37	男	本科	高工	5000
23	工程部	E3	34	男	博士	高工	5500
24	开发部	D1	23	男	本科	助工	2500
25	开发部	D3	31	女	本科	工程师	3500
26	培训部	T2	32	男	硕士	工程师	3500
27	销售部	S2	29	男	本科	工程师	3500
28	工程部	E2	25	男	本科	工程师	3500
29	销售部	S2	28	女	本科	工程师	3500
30	开发部	D2	29	男	硕士	工程师	3500
31	培训部	T1	28	男	硕士	工程师	3500
32	开发部	D1	42	男	本科	高工	4500
33	销售部	S1	37	女	本科	工程师	4000
34	开发部	D3	34	男	博士	高工	5500
35	开发部	D1	31	男	本科	工程师	3500
36	工程部	E2	31	男	本科	工程师	3500
37	工程部	E3	32	男	硕士	工程师	4000
38	工程部	E1	29	男	本科	工程师	3500
39	开发部	D1	25	女	本科	工程师	3500
40	开发部	D2	28	男	硕士	工程师	3500
41	开发部	D3	39	男	本科	工程师	4000
42	开发部	D2	33	男	博士	高工	5500

图 19－3 Excel 2010 练习二样表

2. 要求

(1) 对工作表“人力资源情况表”内数据清单的内容按主要关键字“部门”的递减次序、次要关键字“组别”的递增次序进行排序。

(2) 完成对各组平均工资的分类汇总,汇总结果显示在数据下方。

3. 最终效果

最终效果如图 19－4 所示。

	A	B	C	D	E	F	G	H
1	某IT公司某年人力资源情况表							
2	编号	部门	组别	年龄	性别	学历	职称	工资
3	C004	销售部	S1	32	男	硕士	工程师	3500
4	C014	销售部	S1	37	男	本科	工程师	3500
5	C020	销售部	S1	37	男	本科	高工	5000
6	C031	销售部	S1	37	女	本科	工程师	4000
7			**S1 平均值**					4000
8	C009	销售部	S2	37	女	本科	高工	5500
9	C025	销售部	S2	29	男	本科	工程师	3500
10	C027	销售部	S2	28	女	本科	工程师	3500
11			**S2 平均值**					4166.667
12	C003	培训部	T1	35	女	本科	高工	4500
13	C019	培训部	T1	42	女	本科	工程师	4000
14	C029	培训部	T1	28	男	硕士	工程师	3500
15			**T1 平均值**					4000
16	C005	培训部	T2	33	男	本科	工程师	3500
17	C024	培训部	T2	32	男	硕士	工程师	3500
18			**T2 平均值**					3500
19	C002	开发部	D1	26	女	硕士	工程师	3500
20	C015	开发部	D1	22	男	本科	助工	2500
21	C022	开发部	D1	23	男	本科	助工	2500
22	C030	开发部	D1	42	男	本科	高工	4500
23	C033	开发部	D1	31	男	本科	工程师	3500
24	C037	开发部	D1	25	女	本科	工程师	3500
25			**D1 平均值**					3333.333
26	C008	开发部	D2	31	男	博士	工程师	4500
27	C018	开发部	D2	28	男	博士	工程师	4000
28	C028	开发部	D2	29	男	硕士	工程师	3500
29	C038	开发部	D2	28	男	硕士	工程师	3500
30	C040	开发部	D2	33	男	博士	高工	5500
31			**D2 平均值**					4200
32	C010	开发部	D3	36	男	硕士	工程师	3500
33	C023	开发部	D3	31	女	本科	工程师	3500
34	C032	开发部	D3	34	男	博士	高工	5500
35	C039	开发部	D3	39	男	本科	工程师	4000
36			**D3 平均值**					4125
37	C001	工程部	E1	28	男	硕士	工程师	4000
38	C006	工程部	E1	23	男	本科	助工	2500
39	C017	工程部	E1	29	男	本科	工程师	3500
40	C036	工程部	E1	29	男	本科	工程师	3500
41			**E1 平均值**					3375
42	C007	工程部	E2	26	男	本科	工程师	3500
43	C012	工程部	E2	35	女	硕士	高工	5000
44	C016	工程部	E2	37	女	硕士	高工	5000
45	C026	工程部	E2	25	男	本科	工程师	3500
46	C034	工程部	E2	31	男	本科	工程师	3500
47			**E2 平均值**					4100
48	C011	工程部	E3	41	男	本科	高工	5000
49	C013	工程部	E3	33	男	本科	工程师	3500
50	C021	工程部	E3	34	男	博士	高工	5500
51	C035	工程部	E3	32	男	硕士	工程师	4000
52			**E3 平均值**					4500
53			**总计平均值**					3925

图 19－4　Excel 2010 练习二最终效果图

练习三

1. 样表

样表如图 19-5 所示。

	A	B	C	D	E
1	照明设备	功率（瓦）	照明时间（天）	损坏数	损坏率
2	A	25	100	67	
3	B	40	100	67	
4	C	100	100	43	

图 19-5 Excel 2010 练习三样表

2. 要求

(1) 建立一个工作簿文件，将某厂家生产的三种照明设备的寿命情况数据建成一个数据表(存放在 A1:E4 的区域内)，计算出每种设备的损坏率，其计算公式是

损坏率=损坏数/照明时间(天)，

其数据表保存在 Sheet1 工作表中。

(2) 对建立的数据表选择“照明设备”“功率(瓦)”“损坏率”三列数据建立“三维气泡图”，图表标题为“照明设备寿命图”，并将其嵌入到工作表的 A6:G16 区域中。

(3) 将工作表 Sheet1 更名为“照明设备寿命表”。

3. 最终效果

最终效果如图 19-6 所示。

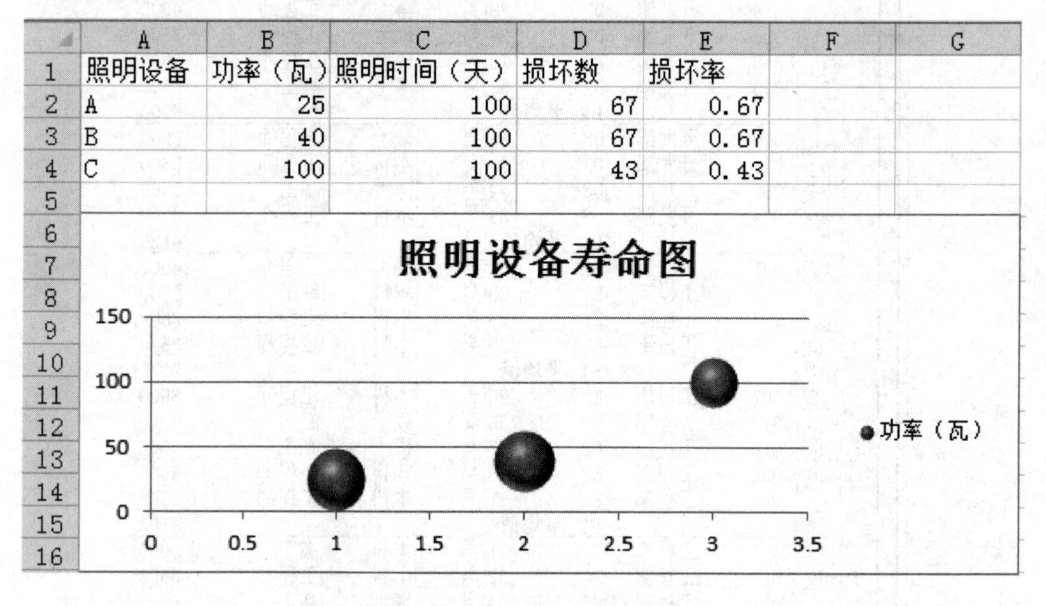

	A	B	C	D	E	F	G
1	照明设备	功率（瓦）	照明时间（天）	损坏数	损坏率		
2	A	25	100	67	0.67		
3	B	40	100	67	0.67		
4	C	100	100	43	0.43		
5							

图 19-6 Excel 2010 练习三最终效果图

练习四

1. 样表

样表如图 19－7 所示。

	A	B	C	D	E	F
1	某图书销售集团销售情况表					
2	经销部门	图书名称	季度	数量	单价	销售额（元）
3	第3分店	计算机导论	3	111	¥32.80	¥3,640.80
4	第3分店	计算机导论	2	119	¥32.80	¥3,903.20
5	第1分店	程序设计基础	2	123	¥26.90	¥3,308.70
6	第2分店	计算机应用基础	2	145	¥23.50	¥3,407.50
7	第2分店	计算机应用基础	1	167	¥23.50	¥3,924.50
8	第3分店	程序设计基础	4	168	¥26.90	¥4,519.20
9	第1分店	程序设计基础	4	178	¥26.90	¥4,788.20
10	第3分店	计算机应用基础	4	180	¥23.50	¥4,230.00
11	第2分店	计算机应用基础	4	189	¥23.50	¥4,441.50
12	第2分店	程序设计基础	1	190	¥26.90	¥5,111.00
13	第2分店	程序设计基础	4	196	¥26.90	¥5,272.40
14	第2分店	程序设计基础	3	205	¥26.90	¥5,514.50
15	第2分店	计算机应用基础	1	206	¥23.50	¥4,841.00
16	第2分店	程序设计基础	2	211	¥26.90	¥5,675.90
17	第3分店	程序设计基础	3	218	¥26.90	¥5,864.20
18	第2分店	计算机导论	1	221	¥32.80	¥7,248.80
19	第3分店	计算机导论	4	230	¥32.80	¥7,544.00
20	第1分店	程序设计基础	3	232	¥26.90	¥6,240.80
21	第1分店	计算机应用基础	3	234	¥23.50	¥5,499.00
22	第1分店	计算机导论	4	236	¥32.80	¥7,740.08
23	第3分店	程序设计基础	2	242	¥26.90	¥6,509.80
24	第3分店	计算机应用基础	3	278	¥23.50	¥6,533.00
25	第1分店	计算机应用基础	4	278	¥23.50	¥6,533.00
26	第2分店	计算机导论	3	281	¥32.80	¥9,216.80
27	第3分店	程序设计基础	1	301	¥26.90	¥8,096.90
28	第3分店	计算机导论	1	306	¥32.80	¥10,036.80
29	第3分店	计算机应用基础	2	309	¥23.50	¥7,261.50
30	第2分店	计算机导论	2	312	¥32.80	¥10,233.60
31	第1分店	计算机应用基础	1	345	¥23.50	¥8,107.50
32	第1分店	计算机导论	3	345	¥32.80	¥11,316.00
33	第1分店	计算机应用基础	2	412	¥23.50	¥9,682.00
34	第2分店	计算机导论	4	412	¥32.80	¥13,513.60
35	第2分店	计算机应用基础	3	451	¥23.50	¥10,598.50
36	第1分店	计算机导论	1	569	¥32.80	¥18,663.20
37	第1分店	计算机导论	2	645	¥32.80	¥21,156.00
38	第1分店	程序设计基础	1	765	¥26.90	¥20,578.50

图 19－7 Excel 2010 练习四样表

2. 要求

对工作表“图书销售情况表”内数据清单的内容进行自动筛选，条件为“各分店第 1 季度和第 2 季度、计算机导论和计算机应用基础的销售情况”，工作表名不变，保存文件。

3. 最终效果

最终效果如图 19－8 所示。

	A	B	C	D	E	F
1	某图书销售集团销售情况表					
2	经销部门	图书名称	季度	数量	单价	销售额（元）
4	第3分店	计算机导论	2	119	¥32.80	¥3,903.20
6	第2分店	计算机应用基础	2	145	¥23.50	¥3,407.50
7	第2分店	计算机应用基础	1	167	¥23.50	¥3,924.50
15	第2分店	计算机应用基础	1	206	¥23.50	¥4,841.00
18	第2分店	计算机导论	1	221	¥32.80	¥7,248.80
28	第3分店	计算机导论	1	306	¥32.80	¥10,036.80
29	第3分店	计算机应用基础	2	309	¥23.50	¥7,261.50
30	第2分店	计算机导论	2	312	¥32.80	¥10,233.60
31	第1分店	计算机应用基础	1	345	¥23.50	¥8,107.50
33	第1分店	计算机应用基础	2	412	¥23.50	¥9,682.00
36	第1分店	计算机导论	1	569	¥32.80	¥18,663.20
37	第1分店	计算机导论	2	645	¥32.80	¥21,156.00

Sheet1 Sheet2 Sheet3

“筛选”模式 数字

图 19－8 Excel 2010 练习四最终效果图

实验 20　Microsoft PowerPoint 2010 基本操作

一、知识点

1. 基本操作

(1) 新建幻灯片。

① 启动 PowerPoint 2010 后，单击【文件】按钮，在下拉菜单中选择“新建”命令，在“可用的模板和主题”中选择“空白演示文稿”，然后在右边预览窗口下单击【创建】按钮，界面中就会出现一张空白的“标题幻灯片”。

② 按照占位符中的文字提示来输入内容，还可以通过“插入”选项卡中的相应命令插入自己所需要的各种对象，如表格、图像、插图、链接、文本、符号、媒体等。

③ 如果需要再生成一张幻灯片，可以单击“开始”选项卡“幻灯片”组中的“新建幻灯片”按钮 的下拉箭头，在展开的幻灯片版式库中单击需要的版式，生成第 2 张空白幻灯片。同理可以生成多张幻灯片。

(2) 移动幻灯片。

① 在“普通”视图“幻灯片”标签中或单击“视图”选项卡“演示文稿视图”组中的“幻灯片浏览”按钮 的下拉箭头，将幻灯片转入幻灯片浏览视图。

② 用鼠标拖动第 6 张幻灯片到第 1 张幻灯片前，这时在第 1 张幻灯片前出现一道灰色的竖线；松开鼠标，发现原第 6 张幻灯片已经移动到第 1 张了，原第 1 张幻灯片已经变成第 2 张。

2. 格式设置

(1) 与 Word 2010 中设置字符格式的方法相同，首先必须选定对象，然后单击“开始”选项卡“字体”组中的相应按钮或打开“字体”对话框进行详细设置。

(2) 幻灯片版式。

① 选定幻灯片，或使幻灯片成为当前幻灯片。单击“开始”选项卡“幻灯片”组中的“版式”按钮的下拉箭头。

② 在版式库列表中选择需要的版式。

(3) 背景设置。

① 使幻灯片成为当前幻灯片，单击“设计”选项卡“背景”组中的“背景样式”按钮的下拉箭头，选择“设置背景格式”命令。

② 弹出“设置背景格式”对话框。若设置背景为“纯色填充”，可直接选择颜色或点击“其他颜色”命令，可有更多颜色选择。

③ 还可以设置背景为“渐变填充”“图片或纹理填充”“图案填充”等，并设置相应的背景效果。

④ 单击【关闭】或【全部应用】按钮完成设置。

注：【关闭】按钮——所选择的背景只应用在当前幻灯片上；【全部应用】按钮——所选择的背景会应用在本演示文稿的所有幻灯片上。

3. 应用主题

使用主题可以迅速、全面地修饰幻灯片。

（1）选定幻灯片。

（2）在“设计”选项卡“主题”组中右键单击需要的主题图标，在弹出的快捷菜单中选择“应用于选定幻灯片”命令。

4. 切换方式

（1）选中幻灯片成为当前幻灯片。

（2）单击“切换”选项卡，在“切换到此幻灯片”组中选择切换效果，即可将该效果应用于当前幻灯片。

（3）单击计时组中的【全部应用】按钮，将该效果应用于全部幻灯片。

5. 动画设置

（1）使幻灯片成为当前幻灯片，选定需要设置动画效果的对象。

（2）单击“动画”选项卡“动画”组中的“动画样式”库中的相应按钮；也可以单击“高级动画”组中的“添加动画”按钮，在其下拉列表中选择操作。如果想使用更多的效果，可以选择“动画样式”库或“添加动画”按钮下拉列表中的相应命令，如“更多进入效果”“更多强调效果”“更多退出效果”和“其他动作路径”。

（3）动画效果设置好后，可以对动画方向、运行方式、顺序、声音、动画长度等内容进行编辑。有些动画可以改变方向，通过单击“动画”选项卡“动画”组中的“效果选项”按钮来完成；动画运行方式包括“单击时”“与上一动画同时”“上一动画之后”3 种方式，这在“动画”选项卡“计时”组中的“开始”下拉列表框中选择；改变动画顺序可以先选定对象，单击“计时”组中的相应按钮，如“向前移动”“向后移动”，此时对象左上角的动画序号会相应变化；动画添加声音可以通过选定对象，单击“动画”选项卡“动画”组右下角的对话框启动器，打开“动画效果”对话框，在“效果”选项卡“声音”下拉列表框中选择合适的声音。在该选项卡中还可以将文本设置为按字母、词或段落出现；动画运行的时间长度包括非常快、快速、中速、慢速、非常慢 5 种方式，这可以在动画效果对话框“计时”选项卡中设置完成，在其中还可以设置动画运行方式和延迟。

（4）同理设置其他对象动画效果。

二、上机操作题

练习一

1. 样稿

样稿如图 20－1、图 20－2 和图 20－3 所示。

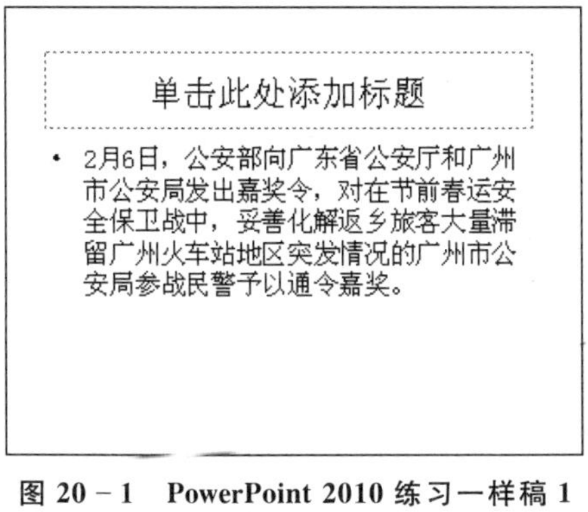

单击此处添加标题

• 2月6日，公安部向广东省公安厅和广州市公安局发出嘉奖令，对在节前春运安全保卫战中，妥善化解返乡旅客大量滞留广州火车站地区突发情况的广州市公安局参战民警予以通令嘉奖。

图 20－1 PowerPoint 2010 练习一样稿 1

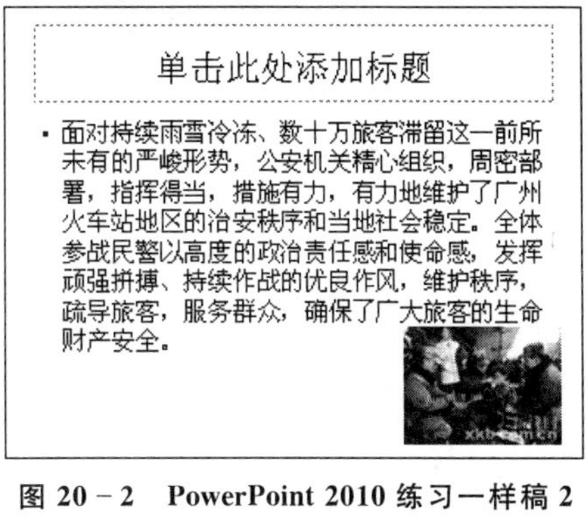

单击此处添加标题

• 面对持续雨雪冷冻、数十万旅客滞留这一前所未有的严峻形势，公安机关精心组织，周密部署，指挥得当，措施有力，有力地维护了广州火车站地区的治安秩序和当地社会稳定。全体参战民警以高度的政治责任感和使命感，发挥顽强拼搏、持续作战的优良作风，维护秩序，疏导旅客，服务群众，确保了广大旅客的生命财产安全。

图 20－2 PowerPoint 2010 练习一样稿 2

图 20－3　PowerPoint 2010 练习一样稿 3

2. 要求

（1）在第一张幻灯片前插入一张版式为“两栏内容”的幻灯片，并插入样式为“第 3 行第 2 列”（填充—橙色，强调文字颜色 6，渐变轮廓—强调文字颜色 6），形状为“腰鼓”的艺术字“风雪旅途中的贴心人”，右侧插入第四张幻灯片的图片。

（2）第二张幻灯片的版式改为“垂直排列标题与文本”，并将第三张幻灯片的图片插入左侧。图片的进入动画效果为“旋转”，文本的进入动画效果为“阶梯状”“右上”。动画出现顺序为先文本后图片。

（3）第三张幻灯片文本的字体设置为“黑体”，字号设置成“29”磅，“加粗”，颜色为“蓝色”（请用自定义标签的红色 0、绿色 0、蓝色 250）。

（4）删除第四张幻灯片。

（5）使用“龙腾四海”主题修饰全文，全部幻灯片切换效果为“揭开”。

3. 最终效果

最终效果如图 20－4、图 20－5 和图 20－6 所示。

图 20－4　PowerPoint 2010 练习一最终效果图 1

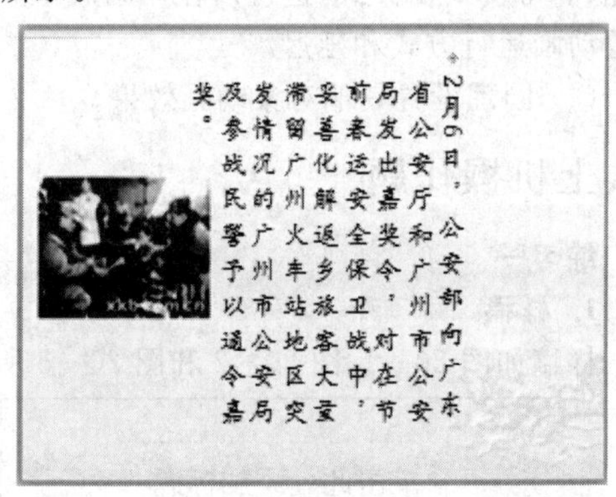

图 20－5　PowerPoint 2010 练习一最终效果图 2

面对持续雨雪冷冻、数十万旅客滞留这一前所未有的严峻形势，公安机关精心组织，周密部署，指挥得当，措施有力，有力地维护了广州火车站地区的治安秩序和当地社会稳定。全体参战民警以高度的政治责任感和使命感，发挥顽强拼搏、连续作战的优良作风，维护秩序，疏导旅客，服务群众，确保了广大旅客的生命财产安全。

图 20－6　PowerPoint 2010 练习一最终效果图 3

练习二

1. 样稿

样稿如图 20－7 和图 20－8 所示。

部分医院
床位费上调

- 市物价局近日对本市19家医院新建改建后的普通病房床位颁布了新的收费标准。
- ……
- 据介绍，新床位费标准目前已经正式开始施行。

图 20－7　PowerPoint 2010 练习二样稿 1

同仁堂要建中医院

同仁堂药业集团以“药德”为魂，
首创名店+名药+名医的经营方式

图 20－8　PowerPoint 2010 练习二样稿 2

2. 要求

(1) 将第二张幻灯片的主标题设置为“加粗”“红色”(请用自定义标签中的红色 255，绿色 0，蓝色 0)。

(2) 将第一张幻灯片文本内容的动画设置为“螺旋飞入”。

(3) 将第一张幻灯片移动为演示文稿的第二张幻灯片。

(4) 将第一张幻灯片的背景预设颜色为“茵茵绿原”，类型为“线性”，方向为“线性对角一左上到右下”。

(5) 将全部幻灯片的切换效果设置为“百叶窗”。

3. 最终效果

最终效果如图 20-9 和图 20-10 所示。

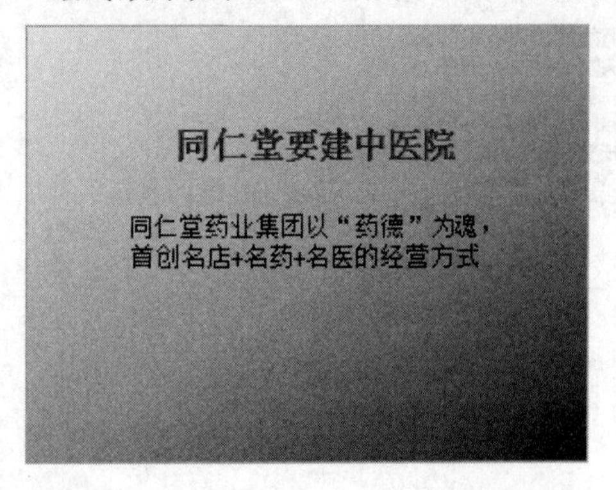

图 20-9　PowerPoint 2010 练习二最终效果图 1

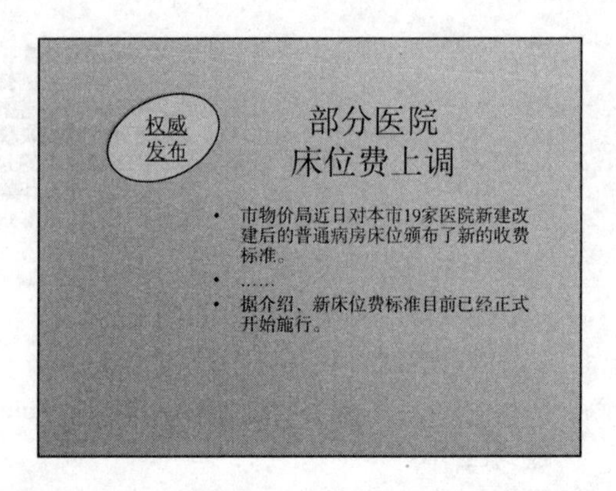

图 20-10　PowerPoint 2010 练习二最终效果图 2

实验21 Internet Explorer 8基本操作

一、知识点

1. 基本操作

（1）双击桌面上IE8浏览器的快捷方式图标，查看IE8浏览器界面上的菜单栏、标准按钮栏、地址栏等。

（2）通过域名或IP地址访问网站。

① 在地址栏内输入域名“www. baidu. com”进入百度搜索页面。

② 在地址栏内输入IP地址“119.75.217.109”，进入百度搜索页面。

（3）收藏夹的使用：把“www. pku. edu. cn”保存到收藏夹中。

① 打开要收藏的网站“www. pku. edu. cn”。

② 打开“收藏”菜单，选择“添加到收藏夹”命令，弹出“添加收藏”对话框。

③ 在“名称”框中键入“北京大学”。

④ 在“创建位置”下拉列表框选择“收藏夹”，单击右边的【新建文件夹】按钮，在“名称”栏输入“我的学校”，单击【创建】按钮。

⑤ 回到“添加收藏”对话框，单击【添加】按钮。

（4）使用收藏夹中收藏的地址。

① 打开“收藏夹”菜单，在下拉列表中找到“我的学校”并打开它的子菜单，找到“北京大学”并单击。

② 单击IE8浏览器中的“收藏夹”按钮，在左边打开的列表中选择“我的学校”，在打开的子菜单中选择“北京大学”。

（5）备份和共享收藏夹。

打开“文件”菜单，找到“导入和导出”命令弹出“导入/导出设置”，完成更新（导入）和备份（导出）收藏夹。

（6）查看历史记录。

打开“查看”菜单选择“浏览器栏”命令，单击子菜单中的“历史记录”命令，在打开的列表中可以查看在某天的网站浏览的历史记录。

（7）IE8浏览器的基本设置。

① 打开“工具”菜单下的“Internet选项”命令，选择常规标签。

② 在“主页”栏的“地址”文本框中填入自己喜欢的网站为IE8起始主页，例如“www. pku. edu. cn”。

③ 在“浏览历史记录”栏中，单击【删除】按钮，弹出“删除浏览的历史记录”对话框，可以删除Internet临时文件；单击【设置】按钮弹出“Internet临时文件和历史记录设置”对话框，在“Internet临时文件”栏中单击【查看文件】按钮来查看Internet临时文件。

④ 在“Internet临时文件和历史记录设置”对话框的“历史记录”栏中设置“网页保存在

历史记录中的天数"为"10"天,单击"浏览历史记录"栏中的【删除】按钮,弹出"删除浏览的历史记录"对话框,可以删除已访问过的网站链接。

2. 掌握网上信息资料的搜索和下载

(1) 信息的搜索。

掌握常用搜索引擎的使用。常用搜索引擎包括百度搜索(www. baidu. com)、谷歌搜索(www. google. com)、新浪搜索(search. sina. com. cn)、网易搜索(search. 163. com)、21CN(search. 21cn. com)、中国知网(www. cnki. net)等。

(2) 简单搜索。

查找北京大学网站。

在 IE8 地址栏中输入"www. baidu. com"进入百度搜索,在搜索框中输入关键词"北京大学",然后单击【百度一下】按钮或按[Enter]键,在查询结果中找到北京大学的网站。

(3) 网上信息资源的下载。

将北京大学首页下载到"我的文档"中。

进入北京大学网站,打开"文件"菜单下的"另存为"命令,弹出"保存网页"窗口,选择保存位置"我的文档",在"文件名"一栏输入"北京大学首页",单击【保存】按钮。

(4) 将北京大学的徽标下载到"我的文档"的"图片收藏"文件夹中。

① 进入北京大学首页,找到左上角的北京大学徽标,鼠标右键单击它,在右键快捷菜单中选择"图片另存为"命令。

② 在弹出的"另存为"对话框中选择保存位置为"我的文档"的"图片收藏"文件夹,"文件名"一栏中输入"北京大学徽标",单击【保存】按钮。

(5) 下载一首自己喜欢的歌曲。

① 打开百度搜索引擎,选中"音乐"并在搜索框中输入相应歌名。

② 单击【百度一下】按钮,在查询结果中单击一个链接,在弹出的窗口中单击鼠标右键选中歌曲链接,在右键快捷菜单中选择"目标另存为"命令。

二、上机操作题

1. 某考试网站的主页地址是"http://www. neea. edu. cn",打开此主页,单击"全国英语等级考试(PETS)"链接,打开"考试介绍"页面内容,并将它以文本文件的格式保存到 C 盘根目录下,命名为"1jswks32"。

2. 接收并阅读由 xuexq@mail. neea. edu. cn 发来的 E-mail,将来信的内容以文本文件的格式保存在 C 盘根目录下,命名为"exin"。

第三部分

附　　录

基础练习题

1. 天气预报能为我们的生活提供帮助，它属于计算机的（　　）类应用。
   A. 科学计算　　B. 信息处理　　C. 过程控制　　D. 人工智能
2. 已知某汉字的区位码是3222，则其国标码是（　　）。
   A. 4252D　　B. 5242H　　C. 4036H　　D. 5524H
3. 二进制数101001转换成十进制整数等于（　　）。
   A. 41　　B. 43　　C. 45　　D. 39
4. 计算机软件系统包括（　　）。
   A. 程序、数据和相应的文档　　B. 系统软件和应用软件
   C. 数据库管理系统和数据库　　D. 编译系统和办公软件
5. 若已知一汉字的国标码是5E38H，则其内码是（　　）。
   A. DEB8　　B. DE38　　C. 5EB8　　D. 7E58
6. 汇编语言是一种（　　）。
   A. 依赖于计算机的机器语言程序
   B. 计算机能直接执行的程序设计语言
   C. 独立于计算机的高级程序设计语言
   D. 面向问题的程序设计语言
7. 用于汉字信息处理系统之间或者与通信系统之间进行信息交换的汉字代码是（　　）。
   A. 国标码　　B. 存储码　　C. 机外码　　D. 字形码
8. 构成CPU的主要部件是（　　）。
   A. 内存和控制器　　B. 内存、控制器和运算器
   C. 高速缓存和运算器　　D. 控制器和运算器
9. 用高级程序设计语言编写的程序，要转换成等价的可执行程序，必须经过（　　）。
   A. 汇编　　B. 编辑　　C. 解释　　D. 编译和连接
10. RAM的特点是（　　）。
    A. 海量存储器
    B. 存储在其中的信息可以永久保存
    C. 一旦断电，存储在其上的信息将全部消失，且无法恢复
    D. 只是用来存储数据
11. 将高级语言编写的程序翻译成机器语言程序，采用的两种翻译方式是（　　）。
    A. 编译和解释　　B. 编译和汇编　　C. 编译和连接　　D. 解释和汇编
12. 下面关于显示器的叙述中，正确的一项是（　　）。
    A. 显示器是输入设备　　B. 显示器是输入/输出设备
    C. 显示器是输出设备　　D. 显示器是存储设备
13. 计算机之所以能按人们的意图自动进行工作，最直接的原因是采用了（　　）。
    A. 二进制　　B. 高速电子元件　　C. 程序设计语言　　D. 存储程序控制

14. 一个汉字的机内码与国标码之间的差别是(　　)。
   A. 前者各字节的最高位二进制值各为1,而后者为0
   B. 前者各字节的最高位二进制值各为0,而后者为1
   C. 前者各字节的最高位二进制值各为1、0,而后者为0、1
   D. 前者各字节的最高位二进制值各为0、1,而后者为1、0
15. 下列各组软件中,全部属于应用软件的是(　　)。
   A. 程序语言处理程序、操作系统、数据库管理系统
   B. 文字处理程序、编辑程序、UNIX操作系统
   C. 财务处理软件、金融软件、WPS Office 2010
   D. Word 2010、Photoshop、Windows 7
16. 从2001年开始,我国自主研发通用CPU芯片,其中第一款通用的CPU是(　　)。
   A. 龙芯　　B. AMD　　C. Intel　　D. 酷睿
17. 存储1 024个24×24点阵的汉字字形码需要的字节数是(　　)。
   A. 720 B　　B. 72 kB　　C. 7 000 B　　D. 7 200 B
18. 对计算机操作系统的作用描述完整的是(　　)。
   A. 管理计算机系统的全部软、硬件资源,合理组织计算机的工作流程,以达到充分发挥计算机资源的效率,为用户提供使用计算机的友好界面
   B. 对用户存储的文件进行管理,方便用户
   C. 执行用户键入的各类命令
   D. 为汉字操作系统提供运行的基础
19. 用高级程序设计语言编写的程序(　　)。
   A. 计算机能直接执行　　B. 具有良好的可读性和可移植性
   C. 执行效率高但可读性差　　D. 依赖于具体机器,可移植性差
20. 假设某台式计算机的内存储器容量为128 MB,硬盘容量为10 GB。硬盘的容量是内存容量的(　　)。
   A. 40倍　　B. 60倍　　C. 80倍　　D. 100倍
21. 下面关于多媒体系统的描述中,不正确的是(　　)。
   A. 多媒体系统一般是一种多任务系统
   B. 多媒体系统是对文字、图像、声音、活动图像及其资源进行管理的系统
   C. 多媒体系统只能在微型计算机上运行
   D. 数字压缩是多媒体处理的关键技术
22. 微机硬件系统中最核心的部件是(　　)。
   A. 内存储器　　B. 输入输出设备　　C. CPU　　D. 硬盘
23. 下列叙述中,错误的是(　　)。
   A. 把数据从内存传输到硬盘的操作称为写盘
   B. WPS Office 2010属于系统软件
   C. 把高级语言源程序转换为等价的机器语言目标程序的过程叫编译
   D. 计算机内部对数据的传输、存储和处理都使用二进制
24. 在下列字符中,其ASCII码值最大的一个是(　　)。
   A. 9　　B. Z　　C. d　　D. X
25. 下列各存储器中,存取速度最快的一种是(　　)。
   A. Cache　　B. 动态RAM(DRAM)

C. CD-ROM　　D. 硬盘

26. CD-ROM 是(　　)。

A. 大容量可读可写外存储器　　B. 大容量只读外部存储器

C. 可直接与 CPU 交换数据的存储器　　D. 只读内部存储器

27. 世界上公认的第一台电子计算机诞生的年份是(　　)。

A. 1943　　B. 1946　　C. 1950　　D. 1951

28. 计算机最早的应用领域是(　　)。

A. 信息处理　　B. 科学计算　　C. 过程控制　　D. 人工智能

29. 以下正确的叙述是(　　)。

A. 十进制数可用 10 个数码,分别是 1～10

B. 一般在数字后面加一大写字母 B 表示十进制数

C. 二进制数只有 1 和 2 两个数码

D. 在计算机内部都是用二进制编码形式表示的

30. 下列关于 ASCII 编码的叙述中,正确的是(　　)。

A. 国际通用的 ASCII 码是 8 位码

B. 所有大写英文字母的 ASCII 码值都小于小写英文字母"a"的 ASCII 码值

C. 所有大写英文字母的 ASCII 码值都大于小写英文字母"a"的 ASCII 码值

D. 标准 ASCII 码表有 256 个不同的字符编码

31. 汉字区位码分别用十进制的区号和位号表示,其区号和位号的范围分别是(　　)。

A. 0～94,0～94　　B. 1～95,1～95　　C. 1～94,1～94　　D. 0～95,0～95

32. 在计算机指令中,规定其所执行操作功能的部分称为(　　)。

A. 地址码　　B. 源操作数　　C. 操作数　　D. 操作码

33. 下列叙述中,正确的是(　　)。

A. 高级程序设计语言的编译系统属于应用软件

B. 高速缓冲存储器(Cache)一般用 SRAM 来实现

C. CPU 可以直接存取硬盘中的数据

D. 存储在 ROM 中的信息断电后会全部丢失

34. 下列各存储器中,存取速度最快的是(　　)。

A. CD-ROM　　B. 内存储器　　C. 软盘　　D. 硬盘

35. 下面关于 U 盘的描述中,错误的是(　　)。

A. U 盘有基本型、增强型和加密型 3 种

B. U 盘的特点是重量轻、体积小

C. U 盘多固定在机箱内,不便携带

D. 断电后,U 盘还能保持存储的数据不丢失

36. ROM 中的信息是(　　)。

A. 由生产厂家预先写入的

B. 在安装系统时写入的

C. 根据用户需求不同,由用户随时写入的

D. 由程序临时存入的

37. 一个字长为 5 位的无符号二进制数能表示的十进制数值范围是(　　)。

A. 1～32　　B. 0～31　　C. 1～31　　D. 0～32

38. 计算机能直接识别的语言是(　　)。

A. 高级程序语言　B. 机器语言　C. 汇编语言　D. C++语言

39. 存储一个 48×48 点阵的汉字字形码需要的字节个数是(　　)。

A. 384　B. 288　C. 256　D. 144

40. 现代计算机中所采用的电子元器件是(　　)。

A. 电子管　B. 晶体管

C. 小规模集成电路　D. 大规模和超大规模集成电路

41. 市政道路及管线设计软件,属于计算机(　　)。

A. 辅助教学　B. 辅助管理　C. 辅助制造　D. 辅助设计

42. 存储一个 32×32 点阵的汉字字形码需用的字节数是(　　)。

A. 256　B. 128　C. 72　D. 16

43. 下列叙述中,正确的是(　　)。

A. 用高级程序语言编写的程序称为源程序

B. 计算机能直接识别并执行用汇编语言编写的程序

C. 机器语言编写的程序必须经过编译和连接后才能执行

D. 机器语言编写的程序具有良好的可移植性

44. 一个完整计算机系统的组成部分应该是(　　)。

A. 主机、键盘和显示器　B. 系统软件和应用软件

C. 主机和它的外部设备　D. 硬件系统和软件系统

45. 计算机技术中,下列不是度量存储器容量的单位是(　　)。

A. kB　B. MB　C. GHz　D. GB

46. SRAM 指的是(　　)。

A. 静态随机存储器　B. 静态只读存储器

C. 动态随机存储器　D. 动态只读存储器

47. 下列设备组中,完全属于计算机输出设备的一组是(　　)。

A. 喷墨打印机、显示器、键盘　B. 激光打印机、键盘、鼠标器

C. 键盘、鼠标器、扫描仪　D. 打印机、绘图仪、显示器

48. Cache 的中文译名是(　　)。

A. 缓冲器　B. 只读存储器

C. 高速缓冲存储器　D. 可编程只读存储器

49. 下列叙述中,正确的是(　　)。

A. C++是高级程序设计语言的一种

B. 用 C++程序设计语言编写的程序可以直接在机器上运行

C. 当代最先进的计算机可以直接识别、执行任何语言编写的程序

D. 机器语言和汇编语言是同一种语言的不同名称

50. USB 1.1 和 USB 2.0 的区别之一在于传输率不同,USB 1.1 的传输率是(　　)。

A. 150 kB/s　B. 12 MB/s　C. 480 MB/s　D. 48 MB/s

51. 计算机系统软件中最核心的是(　　)。

A. 语言处理系统　B. 操作系统　C. 数据库管理系统　D. 诊断程序

52. 组成微型机主机的部件是(　　)。

A. CPU、内存和硬盘　B. CPU、内存、显示器和键盘

C. CPU 和内存　D. CPU、内存、硬盘、显示器和键盘

53. 根据汉字国标码 GB 2312—80 的规定,将汉字分为常用汉字和次常用汉字两级。次常

用汉字的排列次序是按(　　)。

A. 偏旁部首　B. 汉语拼音字母　C. 笔画多少　D. 使用频率多少

54. 下列说法中,正确的是(　　)。

A. 只要将高级程序语言编写的源程序文件(如 try.c)的扩展名更改为.exe,它就成为可执行文件了

B. 高档计算机可以直接执行用高级程序语言编写的程序

C. 源程序只有经过编译和连接后才能成为可执行程序

D. 用高级程序语言编写的程序可移植性和可读性都很差

55. 英文缩写 ROM 的中文译名是(　　)。

A. 高速缓冲存储器　B. 只读存储器　C. 随机存取存储器　D. 优盘

56. 冯·诺依曼型体系结构的计算机硬件系统的 5 大部件是(　　)。

A. 输入设备、运算器、控制器、存储器、输出设备

B. 键盘和显示器、运算器、控制器、存储器和电源设备

C. 输入设备、中央处理器、硬盘、存储器和输出设备

D. 键盘、主机、显示器、硬盘和打印机

57. 1946 年诞生的世界上公认的第一台电子计算机是(　　)。

A. UNIVAC-I　B. EDVAC　C. ENIAC　D. IBM650

58. 电子计算机传统的分代方法,第一代至第四代计算机依次是(　　)。

A. 机械计算机、电子管计算机、晶体管计算机、集成电路计算机

B. 晶体管计算机、集成电路计算机、大规模集成电路计算机、光器件计算机

C. 电子管计算机、晶体管计算机、小中规模集成电路计算机、大规模和超大规模集成电路计算机

D. 手摇机械计算机、电动机械计算机、电子管计算机、晶体管计算机

59. 办公自动化是计算机的一大应用领域,按计算机应用的分类,它属于(　　)。

A. 科学计算　B. 辅助设计　C. 过程控制　D. 信息处理

60. 二进制数 111111 转换成十进制数是(　　)。

A. 71　B. 65　C. 63　D. 62

61. 无符号二进制整数 00110011 转换成十进制整数是(　　)。

A. 48　B. 49　C. 51　D. 53

62. 如果在一个非零无符号二进制整数之后添加两个 0,则此数的值为原数的(　　)。

A. 4 倍　B. 2 倍　C. 1/2　D. 1/4

63. 下列各进制的整数中,值最大的一个是(　　)。

A. 十六进制数 6A　B. 十进制数 134

C. 八进制数 145　D. 二进制数 1100001

64. 已知英文字母 m 的 ASCII 码值为 6DH,那么字母 q 的 ASCII 码值是(　　)。

A. 70H　B. 71H　C. 72H　D. 6FH

65. 已知某汉字的区位码是 1234,则其国标码是(　　)。

A. 2338D　B. 2C42H　C. 3254H　D. 422CH

66. 全拼或简拼汉字输入法的编码属于(　　)。

A. 音码　B. 形声码　C. 区位码　D. 形码

67. CPU 主要技术性能指标有(　　)。

A. 字长、运算速度和时钟主频　B. 可靠性和精度

C. 耗电量和效率　　D. 冷却效率

68. 在各类计算机操作系统中,分时系统是一种(　　)。

A. 单用户批处理操作系统　　B. 多用户批处理操作系统
C. 单用户交互式操作系统　　D. 多用户交互式操作系统

69. 下列十进制数中能用八位无符号二进制表示的是(　　)。

A. 258　　B. 257　　C. 256　　D. 255

70. 二进制数 1011011 转换成八进制、十进制、十六进制数依次为(　　)。

A. 133、103、5B　　B. 133、91、5B　　C. 253、171、5B　　D. 133、71、5B

71. 下列叙述中,正确的是(　　)。

A. 所有计算机病毒只在可执行文件中传染
B. 计算机病毒可通过读写移动存储器或 Internet 网络进行传播
C. 只要把带病毒优盘设置成只读状态,此盘上的病毒就不会因读盘而传染给另一台计算机
D. 计算机病毒是由于光盘表面不清洁而造成的

72. 计算机病毒是指(　　)。

A. 编制有错误的计算机程序　　B. 设计不完善的计算机程序
C. 已被破坏的计算机程序　　D. 以危害系统为目的的特殊计算机程序

73. 我国将计算机软件的知识产权列入(　　)权保护范畴。

A. 专利　　B. 技术　　C. 合同　　D. 著作

74. 计算机病毒的特点具有(　　)。

A. 隐蔽性、可激发性、破坏性　　B. 隐蔽性、破坏性、易读性
C. 潜伏性、可激发性、易读性　　D. 传染性、潜伏性、安全性

75. 数据保密性的基本类型包括(　　)。

A. 静态数据保密性　　B. 动态数据保密性
C. 传输数据保密性　　D. 静态和动态数据保密性

76. 下面关于网络信息安全的一些叙述中,不正确的是(　　)。

A. 网络环境下的信息系统比单机系统复杂,信息安全问题比单机更加难以得到保障
B. 电子邮件是个人之间的通信手段,不会传染计算机病毒
C. 防火墙是保障单位内部网络不受外部攻击的有效措施之一
D. 网络安全的核心是操作系统的安全性,它涉及信息在存储和处理状态下的保护问题

77. 加强网络安全性最重要的基础措施是(　　)。

A. 设计有效的网络安全策略　　B. 选择更安全的操作系统
C. 安装杀毒软件　　D. 加强安全教育

78. 用某种方法伪装消息以隐藏它的内容的过程称为(　　)。

A. 消息　　B. 密文　　C. 解密　　D. 加密

79. 以下不属于网络行为规范的是(　　)。

A. 不应未经许可而使用别人的计算机资源
B. 不应用计算机进行偷窃
C. 不应干扰别人的计算机工作
D. 可以使用或拷贝没有授权的软件

80. 以下关于防火墙的说法,不正确的是(　　)。

A. 防火墙是一种隔离技术

B. 防火墙的主要工作原理是对数据包及来源进行检查,阻断被拒绝的数据

C. 防火墙的主要功能是查杀病毒

D. 尽管利用防火墙可以保护网络免受外部黑客的攻击,但其目的只是能够提高网络的安全性,不可能保证网络绝对安全

81. 计算机网络是计算机技术与(　　)技术高度发展、密切结合的产物。

A. 交换机　　B. 软件　　C. 通信　　D. 自动控制

82. 人类历史上最早的计算机网络是(　　)。

A. 互联网　　B. 局域网　　C. 以太网　　D. ARPANET

83. 当通信子网采用(　　)方式时,首先要在通信双方之间建立起物理连接。

A. 线路交换　　B. 无线网络　　C. 存储转发　　D. 广播

84. OSI 参考模型将网络分成(　　)层。

A. 8　　B. 6　　C. 4　　D. 7

85. 在 OSI 参考模型中,数据链路层的数据服务单元是(　　)。

A. 帧　　B. 报文　　C. 分组　　D. 比特序列

86. IEEE 802 参考模型中,将局域网分成了(　　)层。

A. 2　　B. 3　　C. 4　　D. 5

87. 下列(　　)不是局域网的拓扑结构。

A. 总线型　　B. 环型　　C. 星型　　D. 网状型

88. 在计算机网络分类中,下列(　　)不属于按覆盖范围分类。

A. 局域网　　B. 广域网　　C. 城域网　　D. 无线网

89. 计算机网络的目标是实现(　　)。

A. 数据处理　　B. 文献检索

C. 资源共享和信息传输　　D. 信息传输

90. 用于连接不同网络的网络设备是(　　)。

A. 路由器　　B. 网卡　　C. 集线器　　D. 交换机

91. 目前用于组成交换式局域网的网络设备是(　　)。

A. 路由器　　B. 网卡　　C. 集线器　　D. 交换机

92. 抗干扰能力最强、传输能力最强的传输介质是(　　)。

A. 电话线　　B. 双绞线　　C. 光纤　　D. 无线

93. 目前用双绞线制作以太网连接线所用的标准为(　　)。

A. T568A　　B. T568B　　C. T568C　　D. T568D

94. IEEE 802 模型是(　　)的标准。

A. 局域网　　B. 广域网　　C. 城域网　　D. 互联网

95. Internet 中不同网络和不同计算机相互通信的基础是(　　)。

A. ATM　　B. TCP/IP　　C. Novell　　D. X. 25

96. 电话拨号连接是计算机个人用户常用的接入 Internet 的方式,称为非对称数字用户线的接入技术的英文缩写是(　　)。

A. ADSL　　B. ISDN　　C. ISP　　D. TCP

97. 在计算机网络中,英文缩写 WAN 的中文名是(　　)。

A. 局域网　　B. 无线网　　C. 广域网　　D. 城域网

98. 互联网的网络拓扑结构应为(　　)。

A. 总线型　　B. 环型　　C. 星型　　D. 网状型

99. OSI 参考模型中，对数据进行差错控制的是（　　）。
A. 物理层　　B. 网络层　　C. 数据链路层　　D. 应用层
100. OSI 参考模型中，提供端到端的服务的是（　　）。
A. 物理层　　B. 网络层　　C. 数据链路层　　D. 传输层
101. 我国家庭的大多数计算机用户主要是通过（　　）接入 Internet。
A. 专线　　B. 局域网　　C. 电话线　　D. 有线电视
102. IE 收藏夹中存放的是（　　）。
A. 最近浏览过的一些 WWW 地址　　B. 用户增加的 E-mail 地址
C. 最近下载的 WWW 地址　　D. 用户增加的 WWW 地址
103. 下列关于 E-Mail 功能的说法中正确的是（　　）。
A. 在发送时一次只能发给一个人
B. 用户在阅读完邮件后，将从服务器上删除
C. 用户写完邮件后必须立即发送
D. 用户收到的邮件一定是按日期排列
104. 电子邮件地址格式中@右边的是（　　）。
A. 用户名　　B. 本机域名　　C. 密码　　D. 服务器名
105. 英文缩写 ISP 指的是（　　）。
A. 电子邮局　　B. 电信局
C. Internet 服务商　　D. 供他人浏览的网页
106. IP 地址的说法错误的是（　　）。
A. 由用户名和主机号组成　　B. 由网络号和主机号组成
C. 由 4 个字节组成　　D. 由 32 位组成
107. 出现互联网以后，许多青少年出于各种各样的原因和目的在网上非法攻击别人的主机，他们往往被称作黑客，其中许多人越陷越深，走上了犯罪的道路。这说明（　　）。
A. 互联网上可以放任自流　　B. 互联网上没有道德可言
C. 在互联网上也需要进行道德教育　　D. 互联网无法控制非法行动
108. TCP 协议的主要功能是（　　）。
A. 对数据进行分组　　B. 确保数据的可靠传输
C. 确定数据传输路径　　D. 提高数据传输速度
109. Internet 中域名与 IP 之间的翻译是由（　　）来完成的。
A. 用户计算机　　B. 代理服务器
C. 域名服务器　　D. Internet 服务商
110. 下列有关在 Internet 上的行为说法正确的是（　　）。
A. 随意上载“图书作品”
B. 下载文章并整理出版发行
C. 进入到一些服务器里看看里边有什么东西
D. 未经作者允许不能随意上载或出版其作品
111. 国内一家高校要建立 WWW 网站，其域名的后缀应该是（　　）。
A. .com　　B. .edu.cn　　C. .com.cn　　D. .ac
112. 欲申请免费电子信箱，首先必须（　　）。
A. 在线注册　　B. 交费开户　　C. 提出书面申请　　D. 发电子邮件申请
113. 某人想要在电子邮件中传送一个文件，他可以借助（　　）。

A. FTP　　B. TelNet
C. WWW　　D. 电子邮件中的附件功能

114. (　　)的 Internet 服务与超文本密切相关。
A. Gopher　B. FTP　C. WWW　D. Telnet

115. 下列用户 XUEJY 的电子邮件地址中，正确的是(　　)。
A. XUEJY@bj163.com　B. XUEJY&bj163.com
C. XUEJY#bj163.com　D. XUEJYbj@163.com

116. IPv6 规定用(　　)位二进制位表示一个 IP 地址。
A. 128　B. 64　C. 32　D. 256

117. 地址为 192.168.1.2 的 IP 地址为(　　)地址。
A. A类　B. B类　C. C类　D. D类

118. 中国教育网的简称为(　　)。
A. ChinaNET　B. CSTNET　C. CERNET　D. ChinaGBN

119. 地址为 134.124.11.2 的 IP 地址为(　　)地址。
A. A类　B. B类　C. C类　D. D类

120. 互联网上提供的域名系统简称为(　　)。
A. DNS　B. TelNet　C. SMTP　D. Usenet

121. 下列属于多媒体技术发展方向的是(　　)：
(1) 简单化，便于操作；　(2) 高速度化，缩短处理时间；
(3) 高分辨率，提高显示质量；　(4) 智能化，提高信息识别能力。
A. (1)(2)(3)　B. (1)(2)(4)　C. (1)(3)(4)　D. 全部

122. 以下(　　)是多媒体教学软件的特点：
(1) 能正确生动地表达本学科的知识内容；
(2) 具有友好的人机交互界面；
(3) 能判断问题并进行教学指导；
(4) 能通过计算机屏幕和老师面对面讨论问题。
A. (1)(2)(3)　B. (1)(2)(4)　C. (2)(4)　D. (2)(3)

123. 位图的特性是(　　)。
A. 数据量大　B. 灵活性高　C. 对硬件要求低　D. 逼真

124. 图像的分辨率是指(　　)。
A. 像素的颜色深度　B. 图像的颜色数
C. 图像的像素密度　D. 图像的扫描精度

125. 动画制作中，一般帧速度选择为(　　)。
A. 120 帧/秒　B. 30 帧/秒　C. 60 帧/秒　D. 90 帧/秒

126. 以下多媒体创作工具基于传统程序语言的有(　　)。
A. Action　B. ToolBook　C. HyperCard　D. Visual C++

127. 判断以下说法中，正确的是(　　)：
(1) 位图图像是对视觉信号进行直接量化的媒体形式；
(2) 位图图像反映了信号的原始形式；
(3) 矢量图形是对图像进行抽象化的结果；
(4) 矢量图形反映了图像中实体最重要的特征。
A. (1)(3)错　B. (1)错　C. (4)错　D. 全对

128. 多媒体应用最为全面的典型是(　　)。

A. 多媒体大词典　B. 产品展示　C. 视频会议　D. 电子游戏

129. 下列选项中,多媒体计算机系统中硬件系统的核心部件是(　　)。

A. 主机　B. 基本输入/输出设备

C. 音频卡　D. 视频卡

130. Flash 中的时间轴,其用途是(　　)。

A. 制作动画情节　B. 开启新文件　C. 关闭旧文件　D. 储存旧文件

131. 下面叙述中不正确的是(　　)。

A. 算法的执行效率与数据的存储结构有关

B. 算法的空间复杂度是指算法程序中指令(或语句)的条数

C. 算法的有穷性是指算法必须能在执行有限个步骤之后终止

D. 是指执行算法所需要的计算工作量

132. 以下数据结构中属于线性数据结构的是(　　)。

A. 队列　B. 图　C. 二叉树　D. 树

133. 在一棵二叉树上第 6 层的结点数最多是(　　)。

A. 8　B. 16　C. 32　D. 15

134. 下面描述中,不符合结构化程序设计风格的是(　　)。

A. 使用顺序、选择和重复(循环)三种基本控制结构表示程序的控制逻辑

B. 模块只有一个入口、一个出口

C. 注重提高程序的执行效率

D. 尽量不使用 goto 语句

135. 下面概念中,不属于面向对象方法的是(　　)。

A. 对象　B. 继承　C. 类　D. 过程调用

136. 在结构化方法中,用层次图作为描述工具的软件开发阶段是(　　)。

A. 可行性分析　B. 需求分析　C. 详细设计　D. 概要设计

137. 在软件开发中,下面任务属于分析阶段的是(　　)。

A. 数据结构设计　B. 给出系统模块结构

C. 定义模块算法　D. 定义需求并建立系统模型

138. 数据库系统的核心是(　　)。

A. 数据模型　B. 数据库管理系统　C. 软件工具　D. 数据库

139. 下列叙述中正确的是(　　)。

A. 数据库是一个独立的系统,不需要操作系统的支持

B. 数据库设计是指设计数据库管理系统

C. 数据库技术的根本目标是要解决数据共享的问题

D. 数据库系统中,数据的物理结构必须与逻辑结构一致

140. 下列模式中,能够给出数据库物理存储结构与物理存取方法的是(　　)。

A. 内模式　B. 外模式　C. 概念模式　D. 逻辑模式

141. 算法的时间复杂度是指(　　)。

A. 执行算法程序所需要的时间

B. 算法程序的长度

C. 算法执行过程中所需要的基本运算次数

D. 算法程序中的指令条数

142. 下列叙述中不正确的是(　　)。

A. 线性顺序表是线性结构　　B. 栈与队列是非线性结构

C. 线性链表是线性结构　　D. 二叉树是非线性结构

143. 设一棵完全二叉树共有 699 个结点,则在该二叉树中的叶子结点数为(　　)。

A. 349　　B. 350　　C. 255　　D. 351

144. 结构化程序设计主要强调的是(　　)。

A. 程序的规模　　B. 程序的易读性

C. 程序的执行效率　　D. 程序的可移植性

145. 在软件生命周期中,确定软件的总体结构、子结构和模块划分的阶段是(　　)。

A. 概要设计　　B. 详细设计　　C. 可行性分析　　D. 需求分析

146. 数据流图用于抽象描述一个软件的逻辑模型,数据流图由一些特定的图符构成。下列图符名标识的图符中,不属于数据流图合法图符的是(　　)。

A. 控制流　　B. 加工　　C. 数据存储　　D. 源和潭

147. 软件需求分析阶段的工作,可以分为四个方面:需求获取、需求分析、编写需求规格说明书以及(　　)。

A. 阶段性报告　　B. 需求评审　　C. 总结　　D. 都不正确

148. 下述关于数据库系统的叙述中正确的是(　　)。

A. 数据库系统减少了数据冗余

B. 数据库系统避免了一切冗余

C. 数据库系统中数据的一致性是指数据类型的一致

D. 数据库系统比文件系统能管理更多的数据

149. 关系表中的每一横行称为一个(　　)。

A. 元组　　B. 字段　　C. 属性　　D. 码

150. 数据库设计包括两个方面的设计内容,它们是(　　)。

A. 概念设计和逻辑设计　　B. 模式设计和内模式设计

C. 内模式设计和物理设计　　D. 结构特性设计和行为特性设计

151. 算法的空间复杂度是指(　　)。

A. 算法程序的长度　　B. 算法程序中的指令条数

C. 算法程序所占的存储空间　　D. 算法执行过程中所需要的存储空间

152. 下列关于栈的叙述中不正确的是(　　)。

A. 在栈中只能从一端插入数据　　B. 在栈中只能从一端删除数据

C. 栈是先进先出的线性表　　D. 栈是先进后出的线性表

153. 对建立良好的程序设计风格,下面描述正确的是(　　)。

A. 程序应简单、清晰、可读性好　　B. 符号名的命名要符合语法

C. 充分考虑程序的执行效率　　D. 程序的注释可有可无

154. 下面对对象概念描述错误的是(　　)。

A. 任何对象都必须有继承性　　B. 对象是属性和方法的封装体

C. 对象间的通信靠消息传递　　D. 操作是对象的动态性属性

155. 下面不属于软件工程 3 个要素的是(　　)。

A. 工具　　B. 过程　　C. 方法　　D. 环境

156. 程序流程图(PFD) 中的箭头代表(　　)。

A. 数据流　　B. 控制流　　C. 调用关系　　D. 组成关系

157. 在数据管理技术的发展过程中，经历了人工管理阶段、文件系统阶段和数据库系统阶段。其中数据独立性最高的阶段是(　　)。
A. 数据库系统　B. 文件系统　C. 人工管理　D. 数据项管理

158. 用树形结构来表示实体之间联系的模型称为(　　)。
A. 关系模型　B. 层次模型　C. 网状模型　D. 数据模型

159. 关系数据库管理系统能实现的专门关系运算包括(　　)。
A. 排序、索引、统计　B. 选择、投影、连接
C. 关联、更新、排序　D. 显示、打印、制表

160. 算法一般都可以用(　　)这几种控制结构组合而成。
A. 循环、分支、递归　B. 顺序、循环、嵌套
C. 循环、递归、选择　D. 顺序、选择、循环

161. 数据的存储结构是指(　　)。
A. 数据所占的存储空间量　B. 数据的逻辑结构在计算机中的表示
C. 数据在计算机中的顺序存储方式　D. 存储在外存中的数据

162. 检查软件产品是否符合需求定义的过程称为(　　)。
A. 确认测试　B. 集成测试　C. 验证测试　D. 验收测试

163. 下列工具中不是用于详细分析的是(　　)。
A. PAD　B. PFD　C. N-S　D. DFD

164. 索引属于(　　)。
A. 模式　B. 内模式　C. 外模式　D. 概念模式

165. 在关系数据库中，用来表示实体之间联系的是(　　)。
A. 树结构　B. 网结构　C. 线性表　D. 二维表

166. 将 E-R 图转换到关系模式时，实体与联系都可以表示成(　　)。
A. 属性　B. 关系　C. 键　D. 域

167. 快速排序法属于(　　)类型的排序法。
A. 交换类排序法　B. 插入类排序法　C. 选择类排序法　D. 建堆排序法

168. 对长度为 N 的线性表进行二分查找，在最坏情况下所需要的比较次数为(　　)。
A. $N+1$　B. N　C. $\log_2(N)$　D. $N/2$

169. 信息隐蔽的概念与下述(　　)概念直接相关。
A. 软件结构定义　B. 模块独立性　C. 模块类型划分　D. 模拟耦合度

170. 面向对象的设计方法与传统的的面向过程的方法有本质不同，它的基本原理是(　　)。
A. 模拟现实世界中不同事物之间的联系
B. 强调模拟现实世界中的算法而不强调概念
C. 使用现实世界的概念抽象地思考问题，从而自然地解决问题
D. 鼓励开发者在软件开发的绝大部分中都用实际领域的概念去思考

171. 在结构化方法中，软件功能分解属于下列软件开发中的阶段是(　　)。
A. 详细设计　B. 需求分析　C. 总体设计　D. 编程调试

172. 下列关于软件调试和测试的说法，正确的是(　　)。
A. 调试的目的是发现错误，测试的目的是改正错误
B. 调试的目的是改正错误，测试的目的是发现错误
C. 调试和测试能改善软件的性能

D. 调试和测试能挖掘软件的潜能

173. 数据库概念设计的过程中,视图设计一般有 3 种设计次序,以下各项中不对的是( )。

A. 自顶向下 B. 由底向上 C. 由内向外 D. 由整体到局部

174. 在计算机中,算法是指( )。

A. 查询方法 B. 加工方法
C. 解题方案的准确而完整的描述 D. 排序方法

175. 已知二叉树后序遍历序列是 dabec,中序遍历序列是 debac,它的前序遍历序列是( )。

A. cedba B. acbed C. decab D. deabc

176. 在下列几种排序方法中,要求内存量最大的是( )。

A. 插入排序 B. 选择排序 C. 快速排序 D. 归并排序

177. 在设计程序时,应采纳的原则之一是( )。

A. 程序结构应有助于读者理解 B. 不限制 goto 语句的使用
C. 减少或取消注释行 D. 程序越短越好

178. 下列不属于软件调试技术的是( )。

A. 强行排错法 B. 集成测试法 C. 回溯法 D. 原因排除法

179. 下列叙述中,不属于软件需求规格说明书作用的是( )。

A. 便于用户、开发人员进行理解和交流
B. 反映出用户问题的结构,可以作为软件开发工作的基础和依据
C. 作为确认测试和验收的依据
D. 便于开发人员进行需求分析

180. SQL 语言又称为( )。

A. 结构化定义语言 B. 结构化控制语言
C. 结构化查询语言 D. 结构化操纵语言

181. 栈底至栈顶依次存放元素 A,B,C,D,在第 5 个元素 E 入栈前,栈中元素可以出栈,则出栈序列可能是( )。

A. ABCED B. DBCEA C. CDABE D. DCBEA

182. 软件设计包括软件的结构、数据接口和过程设计,其中软件的过程设计是指( )。

A. 模块间的关系 B. 系统结构部件转换成软件的过程描述
C. 软件层次结构 D. 软件开发过程

183. 下列有关数据库的描述,正确的是( )。

A. 数据库是一个 DBF 文件 B. 数据库是一个关系
C. 数据库是一个结构化的数据集合 D. 数据库是一组文件

184. 单个用户使用的数据视图的描述称为( )。

A. 外模式 B. 概念模式 C. 内模式 D. 存储模式

185. 需求分析阶段的任务是确定( )。

A. 软件开发方法 B. 软件开发工具 C. 软件开发费用 D. 软件系统功能

186. 已知数据表 A 中每个元素距其最终位置不远,为节省时间,应采用的算法是( )。

A. 堆排序 B. 直接插入排序 C. 快速排序 D. 直接选择排序

187. 用链表表示线性表的优点是( )。

A. 便于插入和删除操作 B. 数据元素的物理顺序与逻辑顺序相同

C. 花费的存储空间较顺序存储少　　D. 便于随机存取

188. 软件开发的结构化生命周期方法将软件生命周期划分成(　　)。

A. 定义、开发、运行维护　　B. 设计阶段、编程阶段、测试阶段

C. 总体设计、详细设计、编程调试　　D. 需求分析、功能定义、系统设计

189. 分布式数据库系统不具有的特点是(　　)。

A. 分布式　　B. 数据冗余

C. 数据分布性和逻辑整体性　　D. 位置透明性和复制透明性

190. 下列说法中,不属于数据模型所描述的内容的是(　　)。

A. 数据结构　　B. 数据操作　　C. 数据查询　　D. 数据约束

191. 顺序表具有的特点是(　　)。

A. 不必事先估计存储空间　　B. 可随机访问任一元素

C. 插入删除不需要移动元素　　D. 需额外占用存储空间

192. 数据库管理系统 DBMS 中用来定义模式、内模式和外模式的语言为(　　)。

A. C　　B. Basic　　C. DDL　　D. DML

193. 下列有关数据库的描述,正确的是(　　)。

A. 数据处理是将信息转化为数据的过程

B. 数据的物理独立性是指当数据的逻辑结构改变时,数据的存储结构不变

C. 关系中的每一列称为元组,一个元组就是一个字段

D. 如果一个关系中的属性或属性组并非该关系的关键字,但它是另一个关系的关键字,则称其为本关系的外关键字

194. 已知一棵二叉树前序遍历和中序遍历分别为 ABDEGCFH 和 DBGEACHF,则该二叉树的后序遍历为(　　)。

A. GEDHFBCA　　B. DGEBHFCA　　C. ABCDEFGH　　D. ACBFEDHG

195. 程序设计语言的基本成分是数据成分、运算成分、控制成分和(　　)。

A. 对象成分　　B. 变量成分　　C. 语句成分　　D. 传输成分

196. 应用数据库的主要目的是(　　)。

A. 解决数据保密问题　　B. 解决数据完整性问题

C. 解决数据共享问题　　D. 解决数据量大的问题

197. 在数据库设计中,将 E-R 图转换成关系数据模型的过程属于(　　)。

A. 需求分析阶段　　B. 逻辑设计阶段　　C. 概念设计阶段　　D. 物理设计阶段

198. 下列数据模型中,具有坚实理论基础的是(　　)。

A. 层次模型　　B. 网状模型　　C. 关系模型　　D. 以上 3 个都是

199. 由两个栈共享一个存储空间的好处是(　　)。

A. 减少存取时间,降低下溢发生的概率　　B. 节省存储空间,降低上溢发生的概率

C. 减少存取时间,降低上溢发生的概率　　D. 节省存储空间,降低下溢发生的概率

200. 下列 4 项中,必须进行查询优化的是(　　)。

A. 关系数据库　　B. 网状数据库　　C. 层次数据库　　D. 非关系模型

基础练习题参考答案

1～5	ACABA	6～10	AADDC	11～15	ACDAC	16～20	ABABC
21～25	CCBCA	26～30	BBBDB	31～35	CDBBC	36～40	ABBBD
41～45	DBADC	46～50	ADCAB	51～55	BCACB	56～60	ACCDC
61～65	CABBB	66～70	AADDB	71～75	BDDAD	76～80	BDDDC
81～85	CDADA	86～90	BDDCA	91～95	DCBAB	96～100	ACDCD
101～105	CDDDC	106～110	ACBCD	111～115	BADCD	116～120	ACCBA
121～125	DAACB	126～130	DADAA	131～135	BACCD	136～140	DDBCA
141～145	CBBBA	146～150	ABAAA	151～155	DCAAD	156～160	BABBD
161～165	BADBD	166～170	BACBC	171～175	CBDCA	176～180	DABDC
181～185	DBCAD	186～190	BAABC	191～195	BCDBD	196～200	CBCBA

参 考 文 献

[1] 杨振山,龚沛曾. 大学计算机基础简明教程[M]. 北京:高等教育出版社,2006.
[2] 施荣华,刘卫国. 大学计算机基础[M]. 2版. 北京:中国铁道出版社,2009.
[3] 陈志刚. 大学计算机基础[M]. 长沙:中南大学出版社,2005.
[4] 蒋加伏,沈岳. 大学计算机基础[M]. 3版. 北京:北京邮电大学出版社,2008.
[5] 罗宇,邹鹏,邓胜兰. 操作系统[M]. 4版. 北京:电子工业出版社,2015.
[6] 吴功宜. 计算机网络[M]. 3版. 北京:清华大学出版社,2011.
[7] 林宗福. 多媒体技术基础[M]. 4版. 北京:清华大学出版社,2017.
[8] 李慧珍,孙昌培. Photoshop CS 从入门到精通[M]. 北京:中国水利水电出版社,2018.
[9] 严蔚敏,吴伟民. 数据结构[M]. 北京:清华大学出版社,2007.
[10] 刘文,朱飞雪. 软件工程基础教程[M]. 北京:北京大学出版社,2005.
[11] 张海藩,牟永敏. 软件工程导论[M]. 6版. 北京:清华大学出版社,2013.
[12] 教育部考试中心. 全国计算机等级考试二级教程[M]. 北京:高等教育出版社,2008.
[13] 陈恭和. 数据库基础与Access应用教程[M]. 2版. 北京:高等教育出版社,2008.